Schaltwerk-
und Automatentheorie II

von

Dr. Clemens Hackl

Sammlung Göschen Band 7011

Walter de Gruyter
Berlin · New York · 1973

Die Reihe "Informatik" in der Sammlung Göschen umfaßt folgende Bände:

Einführung in Teilgebiete der Informatik. 2 Bände

Digitale Rechenautomaten. Von *R. Klar.*

Analog- und Hybridrechner. Von *G. Gensch.* (In Vorb.)

Datenübertragung und -fernverarbeitung. Von *K. Oettl.* (In Vorb.)

Programmierung von Datenverarbeitungsanlagen.
  Von *H. J. Schneider* u. *D. Jurksch.*

Datenstrukturen und höhere Programmiertechniken.
  Von *H. Noltemeier.*

Betriebssysteme I. Grundlagen. Von *E. J. Neuhold.* (In Vorb.)

Betriebssysteme II. Von *P. Caspers.* (In Vorb.)

Theorie und Praxis des Übersetzerentwurfs. Von *H. J. Hoffmann.*
  (In Vorb.)

Schaltwerk- und Automatentheorie. Von *C. Hackl.* 2 Bände

Graphentheorie für Informatiker. Von *W. Dörfler* u. *J. Mühlbacher.*

Einführung in die mathematische Systemtheorie. Von *F. Pichler.*
  (In Vorb.)

Formale Beschreibung von Programmiersprachen. Von *K. Alber.*
  (In Vorb.)

Angewandte Informatik. Von *P. Mertens.*

Information Retrieval. Von *O. Simmler.* (In Vorb.)

Programmiersprachen für die numerische Werkzeugmaschinensteuerung. Von *U. Grupe.* (In Vorb.)

ISBN 3 11 004213 4

©

Copyright 1973 by Walter de Gruyter & Co., vormals G. J. Göschen'sche Verlagshandlung, J. Guttentag, Verlagsbuchhandlung, Georg Reimer, Karl J. Trübner, Veit & Comp., 1 Berlin 30.

Alle Rechte, insbesondere das Recht der Vervielfältigung und Verbreitung sowie der Übersetzung, vorbehalten. Kein Teil des Werkes darf in irgendeiner Form (durch Fotokopie, Mikrofilm oder ein anderes Verfahren) ohne schriftliche Genehmigung des Verlages reproduziert oder unter Verwendung elektronischer Systeme verarbeitet, vervielfältigt oder verbreitet werden.

Printed in Germany.

Satz und Druck: Mercedes-Druck, 1 Berlin 61

Inhalt

5. Binäre Darstellung endlicher Automaten 7
   5.1 Asynchrone Schaltwerke 8
      5.1.1 Grundlagen asynchroner Schaltwerke 8
      5.1.2 Synthese asynchroner Schaltwerke 17
      5.1.3 Fehlverhalten in asynchronen Schaltwerken 26
      5.1.4 Beispiele asynchroner Schaltwerke 37
      5.1.5 Aufgaben zu Abschnitt 5.1 50
   5.2 Zustandskodierung mit reduzierter Abhängigkeit 52
      5.2.1 Mathematische Grundlagen 55
      5.2.2 Zerlegungen und endliche Automaten 58
      5.2.3 Anwendungen auf Schaltwerke 66
      5.2.4 Beispiel zur Zerlegung eines Automaten 68
      5.2.5 Aufgaben zu Abschnitt 5.2 70
6. Beschreibung komplexer Einheiten 72
   6.0 Zur Definition der Aufgabenstellung 72
   6.1 Beschreibung der Struktur komplexer Einheiten 79
      6.1.1 Register und Speicherelemente 80
      6.1.2 Verarbeitungseinheiten 85
      6.1.3 Beispiel einer zentralen Einheit einer
            Rechenanlage 86
   6.2 Beschreibung des Verhaltens komplexer Einheiten . . . 93
      6.2.1 Mikrooperationen 94
      6.2.2 Mikroprogramme 101
      6.2.3 Maschineninstruktionen 106
   6.3 Beschreibung der operativen Abläufe in komplexen
       Einheiten 110
      6.3.1 Darstellung durch vertikale Mikroprogramme . . . 111
      6.3.2 Darstellung durch horizontale Mikroprogramme . 113
      6.3.3 Aufgabenstellungen der Mikroprogrammierung . . 115
   6.4 Die Umsetzung vertikaler Mikroprogramme in
       Schaltungsanordnungen 117
      6.4.1 Erzeugung von Zeitsignalen 117
      6.4.2 Erzeugung von Operationssignalen 121
      6.4.3 Binäre Beschreibung der Mikrooperationen 122
   6.5 Beispiel für die Umsetzung von Mikroinstruktionen . . 125
      6.5.1 Beschreibung der Konfiguration 125

6.5.2 Erstellung eines Mikroprogrammes für die
   Operationsausführung 127
6.5.3 Erstellung eines Mikroprogrammes für die
   Instruktionsvorbereitung 129
6.5.4 Binäre Beschreibung des Mikroprogrammes 130
6.6 Die Speicherung von Steuersignalen in Mikroprogramm-
   speichern 132
6.6.1 Bestimmung eines Mikroinstruktionszyklus 133
6.6.2 Beispiel eines horizontalen Mikroprogrammes... 135
6.6.3 Funktionale Kodierung des Mikroinstruktionswortes 139
Anhang: Grundbegriffe der Programmierung 142
Literatur 145

Vorwort zum zweiten Band

Wie bereits im ersten Band ausgeführt, ist es die Zielsetzung dieser Darstellung der Schaltwerk- und Automatentheorie, Verfahren und Methoden zu untersuchen, die zur Beschreibung komplexer Systeme Verwendung finden.

Im zweiten Band wird zunächst eine Darstellung asynchroner Schaltwerke gegeben. Sie stellt den Zusammenhang mit der Realisierung von Speicherelementen durch rückgekoppelte Schaltnetze her. Anschließend werden Methoden zur Auswahl einer Zustandskodierung beschrieben.

In dem Kapitel zur Beschreibung komplexer Systeme wird unterschieden zwischen den Ebenen der Systemkonfiguration, der Maschinenkonfiguration und der Registerkonfiguration. Beschreibungsmittel zur Darstellung der Struktur, des Verhaltens und der operativen Abläufe werden behandelt.

Naturgemäß stehen im Rahmen einer Schaltwerktheorie die operativen Abläufe auf der Ebene der Registerkonfiguration im Vordergrund. Die Darstellung wurde so gewählt, daß sowohl eine anschauliche Beschreibung durch Block- und Flußdiagramme, als auch eine Darstellung in einer algorithmischen Schreibweise gegeben wird. Dadurch wird gleichzeitig der Anschluß an das Gebiet der Mikroprogrammierung ermöglicht.

Sindelfingen, Mai 1973 C. Hackl

5. Binäre Darstellung endlicher Automaten

In diesem Kapitel werden asynchrone Schaltwerke eingeführt. Sie stellen eine weitere Möglichkeit einer binären Realisierung endlicher Automaten dar. Durch den Verzicht auf einen alle Vorgänge synchronisierenden Grundtakt, werden die zeitlichen Vorgänge als kontinuierlich veränderliche Abläufe angesehen. Die Realisierung asynchroner Schaltwerke erfolgt durch rückgekoppelte Schaltnetze, die insbesondere zur technischen Darstellung von Speicherelementen von Bedeutung sind.

Die Einführung asynchroner Schaltwerke stellt eine Erweiterung des bisher verwendeten Begriffes eines Schaltwerkes dar. Aus dieser erweiterten Sicht gesehen, stellt ein synchrones Schaltwerk letztlich eine Kombination von asynchronen Speicherelementen dar. Die Verwendung eines Grundtaktes stellt sicher, daß die einzelnen Speicherelemente synchronisiert werden und zu den festgelegten diskreten Zeitpunkten sich in stabilen Zuständen befinden.

Das Problem der Zustandskodierung kann im Rahmen der allgemeinen Aufgabenstellung dieses Bandes nur aus der begrenzten Sicht der Anwendung in Schaltwerken behandelt werden. Es wird ein Verfahren der Zustandskodierung beschrieben, das zu einer reduzierten Abhängigkeit der Zustandsvariablen führt. Der Zusammenhang dieses Verfahrens mit der Zerlegung endlicher Automaten in Teilautomaten wird in seinen Grundlagen dargestellt.

Die Darstellung der Aufgaben in diesem Kapitel muß aus der allgemeinen Zielsetzung dieser Beschreibung gesehen werden. Sie besteht darin, die auf der elementarsten Ebene einer Systembeschreibung verwendeten Bauelemente, Speicher und Register soweit zu analysieren, daß die logischen Voraussetzungen für ihre technische Realisierung geschaffen werden.

5.1 Asynchrone Schaltwerke

In der bisherigen Darstellung wurden alle Schaltvorgänge als synchron zu einem Grundtakt angenommen. Alle Vorgänge werden nur zu bestimmten, diskreten Zeitpunkten betrachtet. Das Verhalten des Schaltwerkes innerhalb der durch den Grundtakt festgelegten Zeitintervalle wird nicht untersucht. Verzichten wir auf diese einschränkende Bedingung und betrachten das Schaltwerk zu beliebigen Zeitpunkten, so liegt ein asynchrones Schaltwerk vor.

5.1.1 Grundlagen asynchroner Schaltwerke

In Anlehnung an das Modell eines synchronen Schaltwerkes besteht ein *asynchrones* Schaltwerk aus einem Eingabe- und einem Ausgabeschaltnetz [vgl. 22; 26; 64].

Die binären Variablen $(x_1 \ldots x_n)$ und $(z_1 \ldots z_m)$ bestimmen die Eingabe bzw. Ausgabegrößen des Schaltwerkes. Die Variablen $(y_1 \ldots y_k)$ stellen die internen Variablen dar und bestimmen den jeweiligen internen Zustand.

Das Eingabeschaltnetz bestimmt aus den Eingabegrößen $(x_1 \ldots x_n)$ und dem gegenwärtigen Zustand $(y_1 \ldots y_k)$ den nächsten Zustand $(y'_1 \ldots y'_k)$, der über Rückkopplungsschleifen wieder auf den Eingang des Schaltwerkes zurückgeführt wird. Das Ausgabeschaltnetz bestimmt in analoger Weise die Ausgabegrößen (Abb. 5–1).

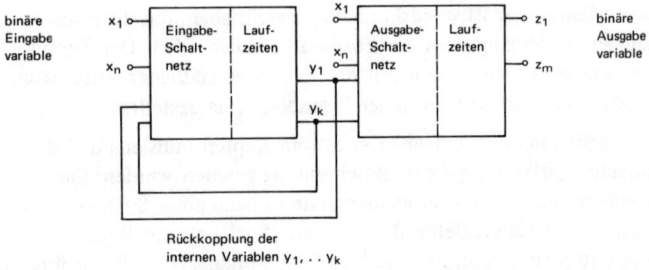

Abb. 5–1 Grundmodell eines asynchronen Schaltwerkes

5.1 Asynchrone Schaltwerke

Dieses Grundmodell ist durch die folgenden Eigenschaften gekennzeichnet:

1. Die Zeitvariable ist eine *kontinuierlich* veränderliche Variable. Alle Ereignisse in einem asynchronen Schaltwerk können zu beliebigen Zeitpunkten eintreten. Dies gilt sowohl für die Veränderungen der Werte der Eingabevariablen, als auch für die Schaltvorgänge innerhalb der Eingabe- und Ausgabeschaltnetze.

2. Jedes Schaltglied des Eingabe- und des Ausgabeschaltnetzes verursacht eine *endliche* Laufzeitverzögerung der Signale. Diese Laufzeitverzögerungen sind abhängig von der verwendeten Technologie, dem Schaltungsaufbau, der Belastung der Schaltglieder u. a. m. und werden für ein Schaltglied eines bestimmten Typs im allgemeinen innerhalb einer gewissen Toleranzbreite streuen.

3. Die *Rückkopplung* der internen Variablen auf den Eingang des Eingabeschaltnetzes erfolgt in einer direkten Zurückführung der Ausgangsleitungen auf den Eingang des Schaltwerkes. Es werden keine zusätzlichen Laufzeitglieder oder Speicherelemente zur Darstellung der internen Variablen verwendet. Die Zeitverzögerung Δt, die den Übergang vom gegenwärtigen Zustand des Schaltwerkes zur Zeit t, zum nächsten Zustand zur Zeit $t + \Delta t$ bestimmt, ist nicht wie bei synchronen Schaltwerken durch einen Grundtakt bestimmt, sondern abhängig von den Laufzeiten der einzelnen Schaltglieder.

4. Die Verwendung von Schaltgliedern mit endlicher Laufzeitverzögerung der Signale kann jedoch die Ursache eines *Fehlverhaltens* sein. Betrachten wir die in Abb. 5–2 gezeigte Schaltungsanordnung. Für die Eingangsvariable A ist die Gültigkeit der Beziehung $A \cdot \bar{A} = 0$ und $A + \bar{A} = 1$ nicht mehr garantiert, so daß zumindest transiente Fehler auftreten können.

Während in synchronen Systemen durch die Verwendung eines Grundtaktes immer sichergestellt wird, daß transiente Fehler keinen Einfluß auf das Verhalten eines Schaltwerkes ausüben, muß bei asynchronen Schaltwerken das mögliche Fehlverhalten des Schaltwerkes eingehend untersucht werden.

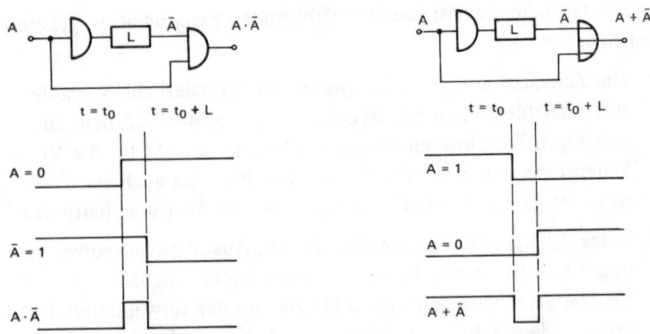

Abb. 5–2 Fehlverhalten durch Laufzeitverzögerung

Die Analyse asynchroner Schaltwerke erfordert daher Zeitbetrachtungen, die unter Umständen sich auf die Untersuchung jedes einzelnen Schaltgliedes erstrecken können. Es ist daher zweckmäßig, eine möglichst geringe Zahl unterschiedlicher Typen von Schaltgliedern zu verwenden.

Von besonderem Interesse ist die Verwendung universaler NAND und NOR Schaltglieder, die die Darstellung jeder beliebigen Boole'schen Funktion ermöglichen.

Zur weiteren Untersuchung asynchroner Schaltwerke führen wir daher ein Symbol für ein Schaltglied ein, das die logische Verknüpfung $C = \overline{A \cdot B}$ realisiert. Diese logische Verknüpfung, die als NAND-Verknüpfung bezeichnet wird, gestattet die Darstellung jeder Boole'schen Funktion.

Die Definition der NAND-Verknüpfung und die Darstellung der logischen Grundfunktionen durch NAND-Schaltglieder zeigt Abb. 5–3.

Zur weiteren Untersuchung betrachten wir ein einfaches Beispiel eines rückgekoppelten Schaltnetzes, das dem Grundmodell eines asynchronen Schaltwerkes entspricht. Zur Vereinfachung ist jedoch angenommen, daß die Ausgabegrößen direkt aus den internen Variablen abgeleitet werden, so daß das Ausgabeschaltnetz entfällt (Abb. 5–4).

5.1 Asynchrone Schaltwerke

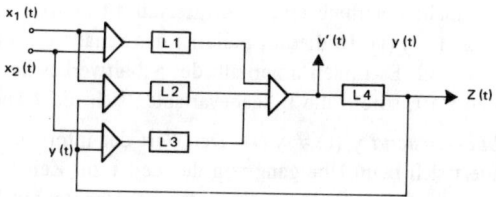

Abb. 5–3 NAND-Schaltglieder

Abb. 5–4 Beispiel eines asynchronen Schaltwerkes

Die Schaltglieder selbst werden als idealisierte Bauelemente aufgefaßt, die keine Verzögerung der Signale verursachen. Die Verzögerungszeiten der realen Schaltglieder sind jedoch abhängig von technologischen Gegebenheiten und werden innerhalb gewisser Toleranzen streuen.

Zur Vereinfachung der Darstellung kann die zeitliche Verzögerung der Signale innerhalb des gesamten Schaltnetzes zunächst an einer Stelle zusammengefaßt werden. Für die weitere Untersuchung kann daher das vereinfachte Schaltbild in Abb. 5–5 zu Grunde gelegt werden.

5. Binäre Darstellung endlicher Automaten

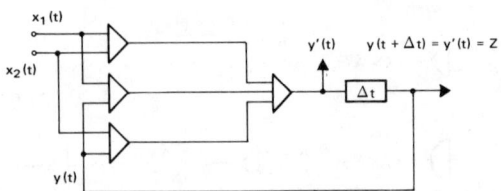

Abb. 5-5 Asynchrones Schaltwerk mit vereinfachtem Zeitverhalten

Betrachten wir dieses rückgekoppelte Schaltnetz zu einem bestimmten Zeitpunkt t und setzen voraus, daß die Werte der Eingabevariablen x_1, x_2 sich innerhalb eines Zeitintervalles nicht ändern, das größer ist als die interne Zeitverzögerung der Signale Δt. Veränderungen innerhalb des Schaltnetzes können dann nur für die Werte der internen Variablen y in der Rückkopplungsschleife auftreten, wobei die folgenden Fälle zu unterscheiden sind:

1. *Stabiler Zustand* $y'(t) = y(t)$: Der Wert der internen Variablen ändert sich nicht innerhalb eines Zeitintervalles t und $t + \Delta t$. Es gilt $y(t + \Delta t) = y(t)$. In diesem Falle ist das Schaltwerk in einem stabilen Zustand. Es finden innerhalb des Schaltwerkes keine Veränderungen statt, sofern die Eingabevariablen sich nicht ändern.

2. *Instabiler Zustand* $y'(t) \neq y(t)$: Der Wert der internen Variablen ändert sich beim Übergang von der Zeit t zur Zeit $t + \Delta t$. Es gilt $y(t) \neq y(t + \Delta t)$. Diese Veränderung der internen Variablen wird im allgemeinen weitere Schaltvorgänge in dem Schaltwerk auslösen, solange bis wieder ein stabiler Zustand erreicht wird.

Um das Verhalten eines Schaltwerkes zu bestimmen, ist es erforderlich, seine stabilen und instabilen Zustände und die Zustandsübergänge in Abhängigkeit von den Eingabegrößen zu ermitteln.

Zur Darstellung des Verhaltens eines Schaltwerkes stehen uns zur Verfügung:

1. Die Beschreibung durch eine Wertetafel
2. Die Darstellung in der Form eines Impuls-Zeit-Diagrammes
3. Die Darstellung durch einen Zustandsgraphen.

1. *Beschreibung durch eine Wertetafel:* Ist das asynchrone Schaltwerk durch die Anordnung seiner Schaltglieder gegeben, so sind die Boole'schen Funktionen für die Zustandsvariablen unmittelbar abzuleiten.

Alle diejenigen Wertekombinationen von Eingabe- und Zustandsvariablen, für die die Werte der Zustandsvariablen unverändert bleiben, stellen stabile Zustände dar. Ändern sich jedoch die Werte der Zustandsvariablen bei bestimmten Veränderungen der Eingabevariablen, so liegt ein instabiler Zustand vor, der weitere Schaltvorgänge auslösen kann.

Für die Schaltungsanordnung in Abb. 5–5 ergibt sich für die interne Variable y' die Abhängigkeit $y' = x_1 \cdot x_2 + x_1 \cdot y + x_2 \cdot y$.

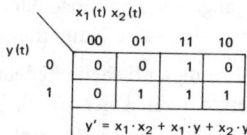

Abb. 5–6 Tabellarische Darstellung der Zustandsfunktion

Der Inhalt der Tafel in Abb. 5–6 zeigt die Werteverteilung dieser Funktion zur Zeit t. Alle diejenigen Wertekombinationen der Eingabevariablen $x_1(t)$, $x_2(t)$ und der internen Variablen $y(t)$ für die gilt $y'(t) = y(t)$ stellen *stabile* Zustände des Schaltwerkes dar. Bleiben die Werte der Eingabevariablen $x_1(t)$, $x_2(t)$ unverändert, so finden keine Veränderungen innerhalb des Schaltwerkes statt.

Gilt jedoch $y'(t) \neq y(t)$, so liegt ein *instabiler* Zustand vor, der weitere Schaltvorgänge auslösen kann. Da aber vorausgesetzt wird, daß die Eingabevariablen x_1, x_2 innerhalb eines gewissen Zeitintervalles unverändert bleiben, sind Zustandsübergänge zwischen instabilen und stabilen Zuständen nur innerhalb der den Wertekombinationen der Variablen x_1, x_2 zugeordneten Spalten der Wertetafel möglich.

Kennzeichnen wir den Fall eines stabilen Zustandes $y'(t) = y(t)$ mit dem Symbol „O" und den Fall eines instabilen Zustandes $y'(t) \neq y(t)$ mit dem Symbol „●", so ergibt sich die in Abb. 5–7 gezeigte Darstellung.

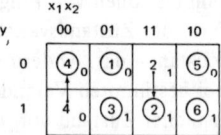

Abb. 5–7 Stabile und instabile Zustände

Die stabilen Wertekombinationen sind durchlaufend numeriert, die möglichen Zustandsübergänge zwischen instabilen und stabilen Zuständen sind durch eine identische Numerierung gekennzeichnet.

Ein horizontaler Wechsel in dieser Tabelle bedeutet eine Veränderung der Eingabevariablen, ein vertikaler Wechsel eine Änderung der internen Variablen bei gleichbleibender Wertekombination der Eingabevariablen.

2. *Beschreibung durch ein Impuls-Zeit-Diagramm:* Das Verhalten des Schaltwerkes kann weiter durch ein Impuls-Zeit-Diagramm dargestellt werden. Das Zeitverhalten der Schaltglieder ist dargestellt durch die Anstiegsflanken der Signale. Instabile Wertekombinationen der Variablen beziehen sich auf das Übergangsverhalten des Schaltwerkes.

Das Setzen und Löschen der Eingabevariablen kann zu beliebigen Zeitpunkten erfolgen. Es wird jedoch vorausgesetzt, daß die Eingabevariablen ihren Wert nicht gleichzeitig ändern und, daß zwischen zwei beliebigen Veränderungen der Eingabevariablen ein Zeitintervall liegt, das größer ist als die interne Signalverzögerung des Schaltwerkes.

Für das Beispiel ergibt sich aus der Übertragung des Inhaltes der Wertetafel in ein Impuls-Zeit-Diagramm die in Abb. 5–8 gezeigte Darstellung.

5.1 Asynchrone Schaltwerke

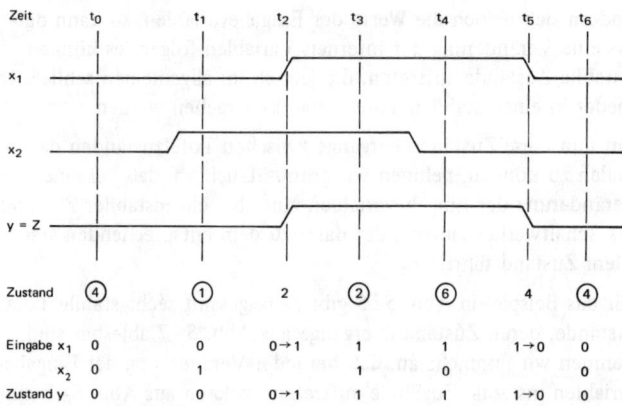

Abb. 5-8 Impuls-Zeit-Diagramm für Beispiel

Aus dem Diagramm in Abb. 5-8 kann das Verhalten des Schaltwerkes erkannt werden. Beginnend mit dem Anfangszustand ④, der gegeben ist durch $x_1 = 0$, $x_2 = 0$, $y = 0$ bleibt der Wert der internen Variablen solange unverändert $y = 0$, bis die Eingabekombination $x_1 = 1$, $x_2 = 1$ vorliegt, worauf die interne Variable den Wert $y = 1$ annimmt. Dieser Zustand bleibt unverändert bis wieder die Eingabekombination $x_1 = 0$, $x_2 = 0$ erscheint und die Variable y den Wert $y = 0$ annimmt.

3. *Beschreibung durch ein Zustandsdiagramm:* Das Verhalten eines asynchronen Schaltwerkes kann weiter in analoger Weise wie bei einem synchronen Schaltwerk durch ein Zustandsdiagramm beschrieben werden. Dazu ist es jedoch erforderlich den Zustandsbegriff zu modifizieren. Der Zustand eines asynchronen Schaltwerkes ändert sich nicht solange das Schaltwerk stabil ist, weder die Eingabevariablen noch die internen Variablen ändern ihre Werte innerhalb eines bestimmten Zeitintervalles. In diesem Fall sprechen wir von einem *Totalzustand* oder Gesamtzustand des Schaltwerkes. Totalzustände eines Schaltwerkes sind immer auch stabile Zustände.

Ändern sich jedoch die Werte der Eingabevariablen, so kann daraus eine Veränderung der internen Variablen folgen, es können instabile Zustände auftreten, die jedoch im allgemeinen schließlich wieder in einen stabilen Totalzustand übergehen werden.

Um nun diese Zustandsübergänge zwischen Totalzuständen darstellen zu können, nehmen wir grundsätzlich an, daß bei einer Veränderung der Eingabevariablen zunächst ein instabiler Zustand des Schaltwerkes eintritt, der dann zu dem entsprechenden stabilem Zustand führt.

Für das Beispiel in Abb. 5–5 gibt es insgesamt sechs stabile Totalzustände, deren Zustandsübergänge aus Abb. 5–7 ablesbar sind. Nehmen wir nunmehr an, daß bei jeder Veränderung der Eingabevariablen instabile Zustände auftreten, so kann aus Abb. 5–8 eine tabellarische Darstellung der Zustandsübergänge abgeleitet werden, die in Abb. 5–9 gezeigt ist.

Zustand	$x_1 x_2$ 00	01	11	10	Z
Zeile 1	④	1	–	5	0
2	4	①	2	–	0
3	4	–	2	⑤	0
4	–	3	②	6	1
5	4	③	2	–	1
6	4	–	2	⑥	1

Abb. 5–9 Elementare Zustandstabelle für Beispiel

Der Totalzustand ④ in Zeile 1 ist gekennzeichnet durch die Werte der Eingabevariablen $x_1 = 0$, $x_2 = 0$ und durch die Ausgabevariable $Z = 0$. Erfolgt eine Änderung der Eingabevariablen mit $x_2 = 1$, so geht das Schaltwerk in den instabilen Zustand 1 über, der jedoch schließlich wieder zu dem Totalzustand ① in Zeile 2 der Tabelle führt. Er ist gekennzeichnet durch die Wertverteilung $x_1 = 0$, $x_2 = 1$ und $Z = 0$.

Eine Veränderung der Eingabevariablen x_1 von $x_1 = 0$ zu $x_1 = 1$ für den Totalzustand ④ führt in analoger Weise über den instabilen

5.1 Asynchrone Schaltwerke

Zustand 5 zu einem Totalzustand ⑤ in Zeile 3 der Tabelle, der gekennzeichnet ist durch die Werte $x_1 = 1$, $x_2 = 0$ und $Z = 0$.

In Zeile 1 ist der Eingang $x_1 = 1$, $x_2 = 1$ nicht besetzt, entsprechend der Annahme, daß zwei Eingabevariable nicht gleichzeitig ihren Wert ändern, ein Übergang von $x_1 = 0$, $x_2 = 0$ zu $x_1 = 1$, $x_2 = 1$ in Zeile 1 ist nicht zugelassen. Die Tabelle in Abb. 5–9 wird als *elementare Zustandstabelle* bezeichnet. Jede Zeile dieser Tabelle repräsentiert einen Totalzustand des Schaltwerkes und definiert die entsprechenden Zustandsübergänge über die zugeordneten instabilen Zustände.

Aus dieser Zustandstabelle erfolgt weiter unmittelbar die Darstellung des Verhaltens in der Form eines *Zustandsgraphen*, wie in Abb. 5–10 gezeigt.

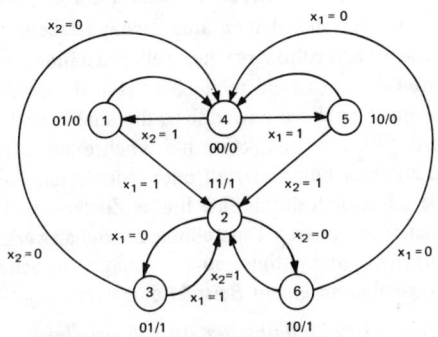

Abb. 5–10 Zustandsgraph für Beispiel

Die Totalzustände ① bis ⑥ sind gekennzeichnet durch die Angabe der Werte der Eingabevariablen $x_1 x_2$ und der Ausgabevariablen z in der Form $x_1 x_2 / Z$.

5.1.2 Synthese asynchroner Schaltwerke

Aufbauend auf den im vorhergehenden Abschnitt eingeführten Begriffen ist für die Synthese asynchroner Schaltwerke das folgende Vorgehen zweckmäßig:

1. Die meist in einer verbalen Beschreibung vorliegende Aufgabenstellung wird soweit analysiert, daß eine Erstellung eines Impuls-Zeit-Diagrammes möglich wird. Das Erstellen eines *Impuls-Zeit-Diagrammes* setzt voraus, daß für alle Wertekombinationen der Eingabe- und der Ausgabevariablen das Verhalten des Schaltwerkes festgelegt wird und die stabilen und instabilen Zustände ermittelt werden.

2. Auf Grund dieser zeitlichen Analyse aller Schaltvorgänge wird eine *elementare* Zustandstabelle erstellt. Jedem stabilen Zustand wird eine Zeile dieser Zustandstabelle zugeordnet. Der Übergang zwischen den stabilen Zuständen findet in Abhängigkeit von den Veränderungen der Eingabevariablen statt. Grundsätzlich wird angenommen, daß bei den Übergängen zwischen den stabilen Zuständen zunächst ein instabiler Zustand durchlaufen wird.

3. Nach dem Erstellen der elementaren Zustandstabelle wird geprüft, ob eine Zusammenlegung einzelner Zeilenzustände zu einem kombinierten Zeilenzustand möglich ist. Für diese *Zustandsreduktion* sind Verfahren anwendbar, die analog sind zu den Verfahren der Zustandsreduktion bei synchronen Schaltwerken. Sie führen zu einer kombinierten oder reduzierten Zustandstabelle, die schließlich durch eine binäre Zustandskodierung der Zustände zu einer binären Darstellung des Schaltwerkes führt. Dieses Vorgehen zur Synthese eines asynchronen Schaltwerkes wird im folgenden an einem Beispiel dargestellt [vgl. 26; 52].

Schritt 1: *Verbale Beschreibung der Aufgabenstellung*

Es ist folgende Aufgabe zu lösen: Das in einem seriellen Addierwerk anfallende Übertragssignal ist in einem Schaltwerk zu spei-

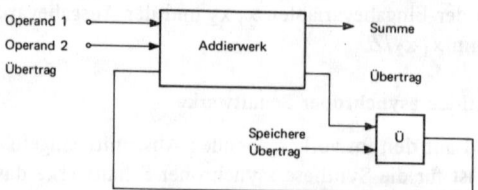

Abb. 5-11 Übertragsspeicherung in Addierwerk

5.1 Asynchrone Schaltwerke

chern, sobald ein entsprechendes Steuersignal *„Speichere Übertrag"* vorliegt. Das gespeicherte Übertragssignal wird zu einem späteren Zeitpunkt wieder dem Addierwerk zugeführt.

Schritt 2: *Erstellen eines Zeitdiagrammes*

Um die Erstellung eines Impuls-Zeit-Diagrammes zu ermöglichen, muß die verbale Beschreibung der Aufgabenstellung durch weitere Annahmen über den zeitlichen Ablauf der Operationen ergänzt werden.

Die folgenden Annahmen werden zu Grunde gelegt:

1. Das Steuersignal „Speichere Übertrag" beginnt zeitlich immer nach einem eventuellen Übertragssignal.

2. Das Ausgabesignal „Übertrag gespeichert" wird solange gespeichert, bis das Steuersignal „Speichere Übertrag" zurückgesetzt wird.

Auf dieser Grundlage ergibt sich das in Abb. 5–12 dargestellte Impuls-Zeit-Diagramm.

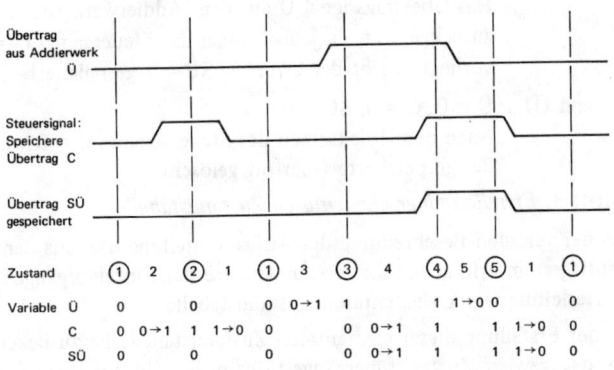

Abb. 5–12 Zeitdiagramm für Übertragsspeicherung

Bei dieser Analyse ist grundsätzlich angenommen, daß beim Übergang zwischen stabilen Zuständen instabile Zustände durchlaufen werden. Die folgenden stabilen Zustände dieses Schaltwerkes sind festgelegt:

Zustand ① : Ü = 0, C = 0, SÜ = 0
: Es liegt kein Übertragssignal, kein Steuersignal und kein gespeicherter Übertrag vor,

Zustand ② : Ü = 0, C = 1, SÜ = 0
: Es liegt ein Steuersignal „Speichere Übertrag" vor, jedoch kein Übertragssignal, daher entfällt die Speicherung eines Übertrages.

Zustand ③ : Ü = 1, C = 0, SÜ = 0
: Es liegt ein Übertragssignal vor, das Steuersignal C ist jedoch noch nicht vorhanden.

Zustand ④ : Ü = 1, C = 1, SÜ = 1
: Auf Grund eines Übertragssignales Ü und bei Vorhandensein des Steuersignales C wird ein Übertrag SÜ gespeichert.

Zustand ⑤ : Ü = 0, C = 1, SÜ = 1
: Das Übertragssignal Ü aus dem Addierwerk ist zurückgesetzt, da jedoch noch das Steuersignal C = 1 vorliegt, bleibt der Übertrag SÜ = 1 gespeichert.

Zustand ① : Ü = 0, C = 0, SÜ = 0
: Nach dem Rücksetzen des Steuersignales C = 0 wird der gespeicherte Übertrag gelöscht.

Schritt 3: *Erstellen einer elementaren Zustandstabelle*

Aus der verbalen Beschreibung der Aufgabenstellung und aus dem Zeitdiagramm erfolgt in einer ersten Analyse der Einzelvorgänge die Herleitung einer elementaren Zustandstabelle.

Bei der Erstellung dieser elementaren Zustandstabelle ist zu beachten, daß gewisse Zustandsübergänge prinzipiell nicht auftreten können bzw. nicht zugelassen sind. Es wird angenommen, daß zu einem gegebenen Zeitpunkt nur *ein* Eingabesignal sich verändern darf. Eine gleichzeitige Veränderung zweier Eingabesignale ist nicht zugelassen.

| | ÜC | | | | |
Zustand	00	01	11	10	Z
Zeile 1	①	2	–	3	0
Zeile 2	1	②	–	–	0
Zeile 3	–	–	4	③	0
Zeile 4	–	5	④	–	1
Zeile 5	1	⑤	–	–	1

Abb. 5–13 Elementare Zustandstabelle für Übertragsspeicherung

Ferner ist durch die Annahme, daß ein Übertragssignal aus dem Addierwerk immer vor dem Erscheinen des Steuersignales „Speichere Übertrag" eine zeitliche Aufeinanderfolge der Eingabesignale festgelegt.

Jedem stabilen Zustand wird eine Zeile dieser Zustandstabelle zugeordnet, wobei der stabile Zustand selbst durch Einzirkelung gekennzeichnet ist. Die dieser Spalte zugeordnete Wertekombination der Eingabesignale ist diejenige Wertekombination für die sich keine Veränderungen des Schaltwerkes ergeben.

Eine Veränderung der Eingabesignale bewirkt einen horizontalen Übergang in der Zustandstabelle innerhalb der jeweiligen Zeile. Führt dieser Übergang zu einem instabilen Zustand, so erfolgt bei gleichbleibenden Eingabesignalen schließlich ein vertikaler Übergang zum nächsten stabilen Zustand. Das Zeichen „–" kennzeichnet nicht zugelassene Wertekombinationen von Eingabesignalen und Zuständen.

Schritt 4: *Erstellen einer kombinierten Zustandstabelle*

Bei asynchronen Schaltwerken ist der Begriff des Zustandes in einem erweiterten Sinne zu verstehen. Wir unterscheiden zwischen

1. *Interner Zustand:* Jeder Zeile der elementaren Zustandstabelle entspricht einer bestimmten Wertekombination der internen Variablen in den Rückkopplungsschleifen unseres Grundmodelles. Diese Werteverteilung der internen Variablen wird auch als *Zeilenzustand* bezeichnet.
2. *Gesamtzustand:* Der Gesamtzustand oder *Totalzustand* des Schaltwerkes ist bestimmt durch den Zeilenzustand und durch die anliegende Wertekombination der Eingabevariablen.

5. Binäre Darstellung endlicher Automaten

Totalzustände kennzeichnen immer stabile Zustände des Schaltwerkes. Es treten keine Veränderungen im Schaltwerk auf, solange die Eingabevariable ihre Werte nicht ändern. Totalzustände sind in der Zustandstabelle durch Einzirkelung gekennzeichnet.

Betrachten wir in Abb. 5–13 die beiden Zeilenzustände ① und ②, so finden wir, daß die jeweils spezifizierten nächsten Zustände innerhalb der einzelnen Spalten entweder identisch oder nicht definiert sind. Es ist daher eine Kombination dieser beiden Zeilenzustände zu einem kombinierten Zustand möglich, und wir erhalten als neuen Zeilenzustand

	00	01	11	10	Z
Zeile 1 und 2	①	②	–	3	0

In analoger Weise sind weitere Kombinationen von Zeilenzuständen möglich. Auch Zustände mit verschiedenen Ausgabezeichen sind kombinierbar, sofern die nächsten Zustände übereinstimmen. Die Kombination der Zeilen 3 und 4 ergibt beispielsweise:

	00	01	11	10
Zeile 3 und 4	–	5	④^1	③^0

Die hochgestellte Indizierung bezieht sich auf die den Totalzuständen zugeordneten Ausgabezeichen. Die Kombination zweier Zeilenzustände mit verschiedenen Ausgabezeichen ist möglich, da die Kenntnis des Totalzustandes ③ bzw. ④ das Ausgabezeichen eindeutig festlegt.

Regeln für die Kombination von Zeilenzuständen: Für die Kombination von Zeilenzuständen ist die Beachtung der folgenden Regeln nützlich:

Regel 1: Zwei oder mehrere Zeilenzustände in einer elementaren Zustandstabelle können unabhängig vom zugeordneten Ausgabezeichen zu einem kombinierten Zeilenzustand zusammengefaßt werden, falls die nächsten Zustände innerhalb korrespondierender Spalten – stabil oder instabil – gleich sind.

5.1 Asynchrone Schaltwerke

Regel 2: Zwei oder mehrere Zeilenzustände, die für gewisse Eingänge keinen definierten nächsten Zustand aufweisen (don't-care-Bedingung) können kombiniert werden, sofern die definierten Eingänge innerhalb der jeweiligen Spalten übereinstimmen.

Da die Kombination von internen Zuständen im allgemeinen auf mehrfache Weise erfolgen kann, ist es zweckmäßig, ein *Kombinationsdiagramm* zu erstellen, das alle möglichen Kombinationen von Zeilenzuständen wiedergibt. Für das Beispiel ergibt sich das in Abb. 5–14 gezeigte Kombinationsdiagramm. Die hochgestellte Indizierung kennzeichnet die Ausgabezeichen für die Gesamtzustände.

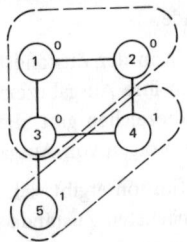

Abb. 5–14 Kombinationsdiagramm für Beispiel

Aus dem Kombinationsdiagramm sind diejenigen Zeilenzustände ablesbar, die kombiniert werden können. Eine Vereinfachung ist im allgemeinen zu erwarten, falls die weitere Regel berücksichtigt wird:

Regel 3: Nach Möglichkeit sind alle diejenigen Zustände zu kombinieren, die identisches Ausgabeverhalten zeigen.

Unter Anwendung dieser Regel ergibt sich schließlich für das Beispiel als kombinierte Zustandstabelle in Abb. 5–15.

Zeilenzustand	ÜC 00	01	11	10	Z
1, 2, 3	①	②	4	③	0
4, 5	1	⑤	④	–	1

Abb. 5–15 Kombinierte Zustandstabelle für Beispiel

Schritt 5: *Zustandsreduzierung*

Bei der Übersetzung einer verbalen Beschreibung einer Aufgabenstellung in eine elementare Zustandstabelle werden im allgemeinen mehr Zeilen und Totalzustände eingeführt als erforderlich sind. Neben der Kombination von Zeilenzuständen nach den oben angegebenen Regeln ist eine Reduktion der Zeilen und Totalzustände in analoger Weise möglich wie bei synchronen Schaltwerken in Abschnitt 3.3 beschrieben.

1. *Reduktionsverfahren für Totalzustände:* Ein Reduktionsverfahren für Totalzustände eines asynchronen Schaltwerkes basiert in analoger Weise wie bei synchronen Schaltwerken auf einer Äquivalenzdefinition zweier Zustände.

Zwei Zustände (S_i) und (S_j) in der Zustandstabelle sind *äquivalent*, dann und nur dann, wenn ihre Ausgabezeichen identisch sind und es keine Folge von Eingabezeichen gibt, die beginnend im Zustand (S_i) bzw. (S_j) verschiedene Folgen von Ausgabezeichen ergeben.

Aus dieser Äquivalenzdefinition ergibt sich eine Klasseneinteilung der Zustände. Falls alle nächsten Zustände für beliebige Eingabezeichen wieder in identischen Zustandsklassen liegen, ist keine weitere Aufteilung dieser Zustandsklasse erforderlich. Falls nicht, muß die Zustandsklasse weiter aufgeteilt werden, solange bis die *Endklasse* erreicht ist, d.h., nur noch äquivalente Zustände in allen Zustandsklassen liegen. Aus der Endklasse ist durch die Auswahl geeigneter Repräsentanten ein reduzierter Automat ableitbar.

Wie bereits bei synchronen Schaltwerken ausgeführt, führt der Reduktionsprozeß nur bei vollständig definierten Automaten zu einer minimalen Lösung. Bei unvollständig definierten Schaltwerken ergeben sich im allgemeinen mehrere verschiedene reduzierte Lösungen, je nach Ausnutzung der vorhandenen nicht definierten Zustandsübergänge.

2. *Reduktionsverfahren für Zeilenzustände:* Die Anwendung eines Reduktionsverfahrens für Totalzustände setzt im allgemeinen die Kombination von Zeilenzuständen voraus. Bei komplexeren Aufgabenstellungen ist es jedoch zweckmäßig, bereits auf die Zeilen-

5.1 Asynchrone Schaltwerke

zustände ein Reduktionsverfahren anzuwenden. Da die Zeilenzustände im allgemeinen unvollständig definiert sein werden, auf Grund der Voraussetzung, daß keine gleichzeitige Veränderung von zwei oder mehreren Eingabevariablen stattfindet, ist die Anwendung von Verfahren für unvollständig definierte Automaten wie in Abschnitt 3.3.5 beschrieben, erforderlich.

Für dieses einfache Beispiel ergibt die Anwendung dieses Verfahrens unmittelbar, daß die Zustände s_1, s_2, s_3 und die Zustände s_4, s_5 in einem Block zusammengefaßt werden und diese Zustandsaufteilung bereits die Endklasse darstellt, wie aus folgender Aufstellung ersehen werden kann.

	Zustände	1	2	3	4	5
Eingabe	00	1	1	–	–	1
	01	2	2	–	5	5
	11	3	–	3	–	–
	10	–	–	4	4	–

Weitere Beispiele für die Anwendung dieses Verfahrens sind in Abschnitt 5.1.4 gegeben.

Schritt 6: *Zustandskodierung*

Nachdem ausgehend von der elementaren Zustandstabelle eine kombinierte Zustandstabelle erstellt und eventuell eine Zustandsreduzierung vorgenommen wurde, erfolgt im nächsten Schritt die binäre Kodierung der Zustände. Die Wahl einer Kodierung kann nach verschiedenen Gesichtspunkten erfolgen, die in Abschnitt 5.2 besprochen werden.

Als allgemeine Regel hat sich bewährt, daß Zustände zwischen denen Übergänge stattfinden, *benachbarte* Kodierungen erhalten sollten. Die Werte der Zustandsvariablen unterscheiden sich lediglich in einer Variablen wie bereits in Abschnitt 3.3 ausgeführt wurde.

Für das einfache Beispiel der Übertragsspeicherung folgt die Kodierung der Zeilenzustände unmittelbar. Alle stabilen Gesamtzustände in einer Zeile der Zustandstabelle werden durch die gleiche Kodierung der internen Zustände dargestellt. Die stabilen Zustände ① ,

② und ③ werden durch $y_1 = 0$, die Zustände ④ und ⑤ durch $y_1 = 1$ dargestellt. Für die instabilen Zustände wird die Kodierung des entsprechenden stabilen Zustandes eingesetzt.

Auf dieser Grundlage ergibt sich schließlich die in Abb. 5–16 dargestellte Zustands- und Ausgabefunktion.

Zustand	Zustandsfunktion				Ausgabefunktion			
y	ÜC				ÜC			
	00	01	11	10	00	01	11	10
0	0	0	1	0	0	0	0	0
1	0	1	1	–	1	1	1	1

Abb. 5–16 Zustandskodierung für Beispiel

Aus dieser kodierten Darstellung der Zustandsfunktion folgt weiter als binäre Darstellung des Schaltwerkes:

$$y_1' = \text{Ü} \cdot C + C \cdot y_1 = C \cdot (\text{Ü} + y_1)$$
$$z = y_1 = S\text{Ü}$$

Als Schaltbild finden wir in Abb. 5–17

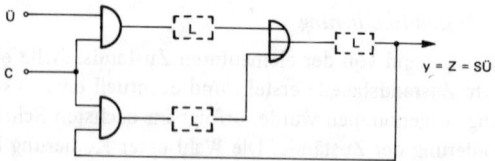

Abb. 5–17 Schaltbild für Übertragsspeicherung

Bei dieser Realisierung wird angenommen, daß die zeitliche Verzögerung zwischen y_1 und y_1' durch die Laufzeit der Schaltglieder dargestellt wird.

5.1.3 Fehlverhalten in asynchronen Schaltwerken

Bisher wurde angenommen, daß alle Laufzeiten an einer Stelle des Schaltwerkes konzentriert sind. Das Schaltwerk wird dargestellt durch ein idealisiertes Schaltnetz ohne Verzögerung der Eingangs-

5.1 Asynchrone Schaltwerke

und Ausgangssignale und durch zusätzliche separierte Laufzeitglieder.

Diese Idealisierung ist jedoch nur eine erste Annäherung an die tatsächlichen Verhältnisse. Lassen wir zu, daß die Laufzeiten sich über das Schaltwerk verteilen, z. B. jedem Bauelement eine Laufzeitverzögerung zugeordnet wird, so sind wesentlich genauere Zeitbetrachtungen notwendig.

Insbesondere erfordert die Abwesenheit eines Grundtaktes in asynchronen Schaltwerken eine sorgfältige Analyse möglicher *instabiler* Zustände [vgl. 22; 27; 67]. Instabile Zustände treten auf durch unterschiedliche Laufzeiten in Rückkopplungsschleifen. Sind in einem Schaltwerk z. B. zwei interne Variable y_1, y_2 vorhanden und ist auf Grund einer Veränderung der Eingabevariablen ein Übergang von $y_1 = y_2 = 1$ zu $y_1 = y_2 = 0$ erforderlich, so werden diese Veränderungen im allgemeinen nicht gleichzeitig erfolgen. Dieser Übergang kann entweder durch die Werteverteilungen $11 \to 01 \to 00$ oder $11 \to 10 \to 00$ stattfinden. Dieses unterschiedliche Verhalten in Abhängigkeit von den auftretenden Laufzeitverzögerungen der Signale kann jedoch ein unterschiedliches oder fehlerhaftes Verhalten des Schaltwerkes bedingen.

Eine Illustration möglichen prinzipiellen Fehlverhaltens zeigt Abb. 5-18. Aus der Zustandstabelle erkennen wir, daß vier stabile Zustände vorliegen. Betrachten wir das Verhalten des Schaltwerkes

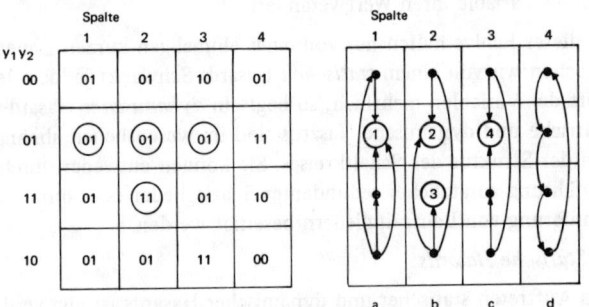

Abb. 5-18 Fehlverhalten in asynchronen Schaltwerken

an der Stelle a, so gehen die internen Variablen y_1, y_2 von den Werten $y_1 = 1$, $y_2 = 0$ über in die Werte $y'_1 = 0$, $y'_2 = 1$. Beide interne Variable ändern ihren Wert. Da jedoch im allgemeinen diese Veränderungen nicht zur gleichen Zeit stattfinden, ergibt sich ein verschiedenes Übergangsverhalten, das in Abb. 5–18 in Spalte 1 gezeigt ist.

Die internen Variablen zeigen unterschiedliches Verhalten, führen jedoch schließlich zu dem stabilen Endzustand ①. Derartige Unbestimmtheiten werden als *Laufbedingung* (race condition) bezeichnet. Wird jedoch der definierte Endzustand letztlich erreicht, so liegt eine *nicht kritische* Laufbedingung vor.

In Spalte 2 der Abb. 5–18 hingegen tritt an der Stelle b eine *kritische* Laufbedingung auf, da je nach dem zeitlichen Ablauf des Übergangsverhaltens als stabile Endzustände entweder der Zustand ② oder der Zustand ③ erreicht werden.

Spalte 3 zeigt *mehrfache* Übergänge bevor ein stabiler Endzustand ④ erreicht wird. Spalte 4 zeigt eine Folge von instabilen Zuständen, die *zyklisch* durchlaufen werden. Es wird kein stabiler Endzustand erreicht.

Das Auftreten derartiger Laufbedingungen wird auch als *Hasard* bezeichnet. Um das Auftreten von Hasards in asynchronen Schaltwerken weitgehend zu verhindern, wird angestrebt, daß zu einem bestimmten Zeitpunkt immer nur jeweils eine Eingabevariable oder interne Variable ihren Wert verändert.

Ist dieses Fehlverhalten nur von einer einmaligen kurzen Dauer, so sprechen wir von einem *statischen* Hasard. Schwankt jedoch der Wert der Variablen mehrfach, so liegt ein *dynamischer* Hasard vor. Statische und dynamische Hasards sind im wesentlichen abhängig von der Struktur des Schaltkreises. Sie können entweder durch die Einführung zusätzlicher redundanter Schaltglieder oder durch die Einführung von Laufzeitgliedern beseitigt werden.

1. *Statische Hasards*

Das Auftreten statischer und dynamischer Hasards ist eng verknüpft mit der Verletzung der Bedingung, daß für jede Boole'sche

5.1 Asynchrone Schaltwerke

Variable die Bedingung $X \cdot \overline{X} = 0$ und $X + \overline{X} = 1$ unter allen Umständen erfüllt sein müssen.

Betrachten wir das rückgekoppelte Schaltnetz in Abb. 5–19, so gilt $y' = A \cdot B + \overline{B} \cdot y$. Die elementare und die kombinierte Zustandstabelle zeigt Abb. 5–19. Für die Werteverteilung $A = 1$ und $y = 1$ wird $y' = B + \overline{B}$, so daß beim Übergang von $B = 1$ zu $B = 0$ die Möglichkeit eines Fehlverhaltens besteht. Wird zunächst angenommen, daß die Schaltglieder idealisierte Bauelemente sind, die keine Signalverzögerung hervorrufen. Die Eingänge ⓐ und ⓑ ändern dann gleichzeitig ihre Werte. Das korrekte Verhalten dieses Schaltwerkes hängt für die Wertekombination $A = 1$, $y = 1$ wesentlich von der Gleichzeitigkeit dieser Veränderungen ab.

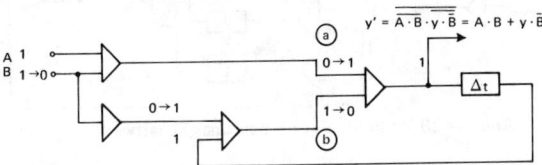

Abb. 5–19 Asynchrones Schaltwerk mit vereinfachtem Zeitverhalten

Wird aber jedem Schaltglied eine gewisse Laufzeitverzögerung zugeordnet, wie in Abb. 5–20 gezeigt, so treten für diese Wertekombinationen unterschiedliche Laufzeiten an den Eingängen ⓐ und ⓑ auf, und das Schaltwerk erreicht ausgehend von dem Zustand ③ mit $A = 1$, $B = 1$, $y = 1$ den stabilen Zustand ④ mit $A = 1$, $B = 0$, $y = 0$ anstelle des regulären Zustandes ⑤ mit den Werten $A = 1$, $B = 0$, $y = 1$.

Der unmittelbare Anlaß dieses Fehlverhaltens liegt darin, daß die Laufzeitverzögerungen vom Eingang B des Schaltwerkes zum Punkt ⓐ eine Laufzeit L beträgt, gegenüber einer Laufzeit von 2 L vom Eingang B zu Punkt ⓑ des Schaltwerkes. Während also am Eingang ⓐ das Eingangssignal bereits den neuen Wert „1" angenommen hat, liegt am Eingang ⓑ noch der alte Wert „1" vor, so daß am Ausgang die Zustandsvariable y den Wert y = 0 annimmt und damit der fehlerhafte Zustand ④ erreicht wird, der nicht mehr verlassen werden kann.

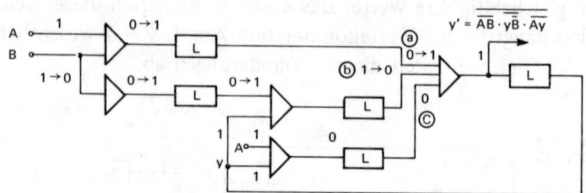

Abb. 5–20 Redundantes asynchrones Schaltwerk

Die Ursache dieses Fehlverhaltens liegt darin, daß die interne Variable $y' = A \cdot B + \bar{B} \cdot y$ dargestellt wird durch Ausdrücke, die bei ihrer Darstellung in der Karnough-Tafel separiert liegen und keine gemeinsamen Felder umfassen. Bei Veränderungen der Eingabevariablen, die einerseits voraussetzen, daß der Wert der internen Variablen unverändert bleibt, andererseits aber einen Übergang zwischen diesen separiert liegenden Feldern hervorrufen, kann durch unterschiedliche Laufzeiten ein Fehlverhalten hervorgerufen werden.

Huffman [50] hat gezeigt, daß das Vorhandensein von statischen Hasards unmittelbar aus dem Aufbau der Boole'schen Funktion erkannt und durch Einführung redundanter Glieder beseitigt werden kann. Verwenden wir in diesem Beispiel zur Darstellung der internen Variablen die Funktion $y' = A \cdot B + \bar{B} \cdot y + A \cdot y$, so ist durch den Eingang ⓒ sichergestellt, daß für die Wertekombination A = 1, y = 1, B = 1 durch $y' = B + \bar{B} + 1$ beim Übergang von B = 1 zu B = 0 trotz unterschiedlicher Laufzeiten innerhalb des Schaltnetzes der Wert $y' = 1$ erhalten bleibt und das Schaltwerk den vorgeschriebenen Zustand ⑤ erreicht.

2. *Dynamische Hasards*

Tritt ein Fehlverhalten in der Form auf, daß eine interne Variable mehrfach ihren Wert ändert als Folge einer Veränderung des Wertes einer Eingabevariablen, so liegt ein *dynamischer* Hasard vor. Dynamische Hasards treten insbesondere auf bei einer Mehrfachausnutzung von Schaltgliedern oder bei längeren unterschiedlichen Leitungswegen in Schaltnetzen.

Ist beispielsweise eine interne Variable y'_1 gegeben durch die Tafel in Abb. 5–21, so ist durch die Funktion $y' = y_2 \cdot \bar{x}_2 + x_1 \cdot y_1 +$ $+ x_1 \cdot y_2$ sichergestellt, daß keine statischen Hasards auftreten.

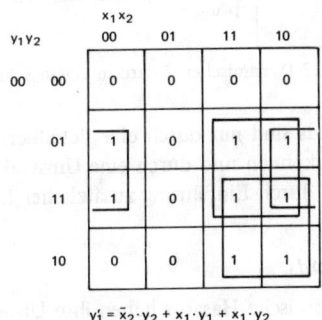

$y'_1 = \bar{x}_2 \cdot y_2 + x_1 \cdot y_1 + x_1 \cdot y_2$

Abb. 5–21 Karnough-Tafel für interne Variable y'_1

Wird jedoch diese Boole'sche Funktion durch die in Abb. 5–22 gezeigte Schaltungsanordnung von NAND-Schaltgliedern realisiert, um beispielsweise bereits vorhandene Schaltglieder auszunutzen, so zeigt sich, daß es Wege unterschiedlicher Laufzeit für das Eingangssignal x_1 bis zur Bereitstellung der Ausgangsvariablen y'_1 gibt.

Weg 1: bestimmt durch die Schaltglieder f, g

Weg 2: bestimmt durch die Schaltglieder a, e, g

Weg 3: bestimmt durch die Schaltglieder a, b, e, g

Nehmen wir an, daß die Laufzeiten pro NAND-Schaltglied etwa in gleicher Größenordnung sind, so zeigt Abb. 5–22 die Entstehung eines Fehlverhaltens, das als dynamischer Hasard bezeichnet wird. Eine detaillierte Darstellung der Signalfolgen zeigt Abb. 5–23.

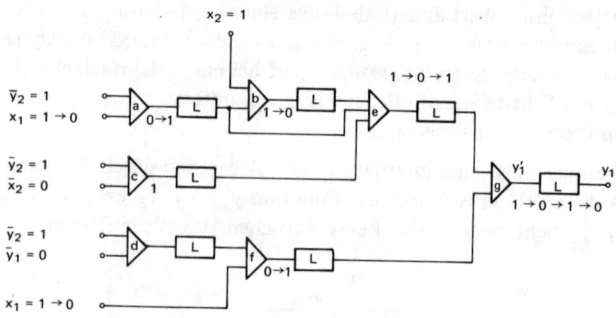

Abb. 5–22 Dynamischer Hasard in einem Schaltwerk

Dynamische Hasards sind nur durch eine detaillierte Analyse des Schaltwerkes zu erkennen und durch eine Umstrukturierung des Schaltwerkes oder durch Einführung zusätzlicher Laufzeiten zu beseitigen.

3. *Essentielle Hasards*

Statische und dynamische Hasards haben ihre Ursache in der spezifischen Darstellung einer Boole'schen Funktion durch Schaltglieder oder Produkte von Schaltgliedern. Durch eine Umstrukturierung oder durch die Einführung redundanter Schaltglieder kann das Auftreten statischer oder dynamischer Hasards verhindert werden.

Im Gegensatz dazu ist das Auftreten essentieller Hasards bedingt durch eine bestimmte *logische* Struktur einer Zustandstabelle. *Essentielle* Hasards treten auf bei Schaltwerken mit mindestens zwei Rückkopplungsschleifen und werden hervorgerufen durch eine mindestens dreimalige Veränderung einer Eingabevariablen.

Da die spezielle logische Struktur, die das Auftreten essentieller Hasards ermöglicht, in allen asynchronen Registern, Schieberegi-

5.1 Asynchrone Schaltwerke

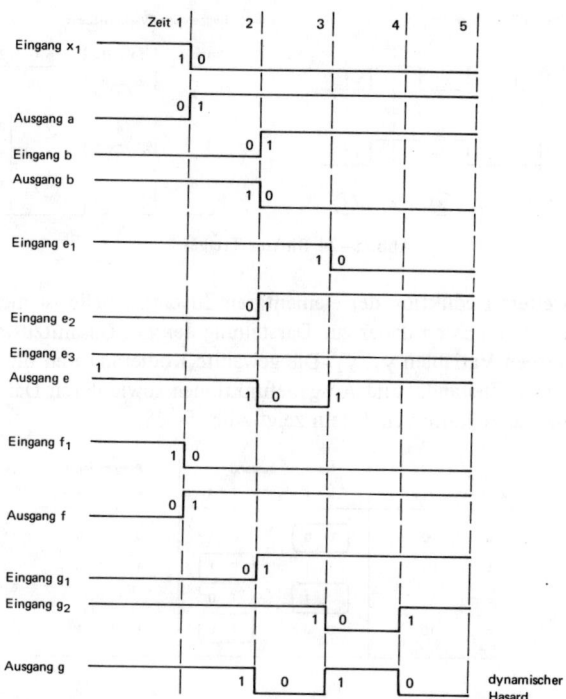

Abb. 5–23 Impuls-Zeit-Diagramm für dynamischen Hasard

stern, Zählern, Ringen u. a. m. aufscheint, ist die Analyse dieses Fehlverhaltens von besonderer Bedeutung.

Zur Illustration dieser Fragestellung ist im folgenden der Entwurf eines binären Triggerelementes als asynchrones Schaltwerk beschrieben. Ein binärer Trigger ist ein Schaltwerk mit einer binären Eingangsvariablen x und einer binären Ausgangsvariablen z, wobei die Ausgangsvariable z ihren Wert ändert mit jedem Übergang von $x = 1$ zu $x = 0$. Ein Impuls-Zeit-Diagramm und eine elementare Zustandstabelle zeigen Abb. 5–24.

34   5. Binäre Darstellung endlicher Automaten

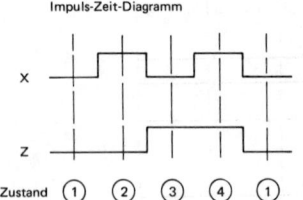

Abb. 5–24 Binärer Trigger

Eine weitere Reduktion der elementaren Zustandstabelle ist nicht möglich. Wir wählen daher zur Darstellung der vier Gesamtzustände die internen Variablen y_1, y_2. Die gewählte Kodierung und die sich ergebenden Zustands- und Ausgabefunktionen sowie deren Darstellung durch Karnough-Tafeln zeigt Abb. 5–25.

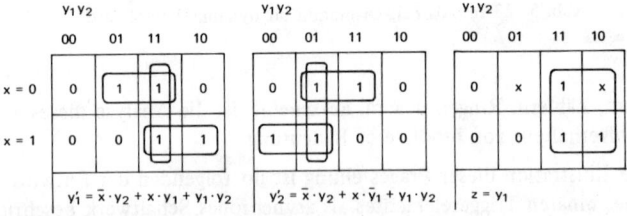

Abb. 5–25 Zustandskodierung für binären Trigger

Aus diesen Tafeln ergibt sich zunächst, daß die Variable $y_1' =$
$= \bar{x} \cdot y_2 + x \cdot y_1$ für die Argumente $y_1 = 1$, $y_2 = 1$ bei einem Wechsel von $x = 1$ zu $x = 0$ ein potentielles Fehlverhalten zeigen kann,

da für diese Argumente gilt $y_1' = x + \bar{x}$. Analoges gilt für die Variable $y_2' = x \cdot \bar{y}_1 + \bar{x} \cdot y_2$ für die Argumente $y_1 = 0$, $y_2 = 1$.

Dieses potentielle Fehlverhalten kann jedoch beseitigt werden durch die Einfügung redundanter Schaltglieder wie in Abb. 5–25 gezeigt. Diese redundanten Schaltglieder stellen sicher, daß unabhängig von etwaigem Fehlverhalten der Variablen x der Funktionswert für y_1' bzw. y_2' den vorgeschriebenen Wert annimmt. Als Zustandsfunktion ergibt sich schließlich:

$$y_1' = \bar{x} \cdot y_2 + x \cdot y_1 + y_1 \cdot y_2 \qquad y_2' = x \cdot \bar{y}_1 + \bar{x} \cdot y_2 + \bar{y}_1 \cdot y_2$$

Für die Ausgabevariable z finden wir $z = y_1$. Die Funktionswerte an den instabilen Stellen entsprechen den Funktionswerten an den entsprechenden stabilen Zuständen, falls durch den Zustandsübergang die Ausgabevariable unverändert bleibt. Findet jedoch ein Zustandsübergang zwischen zwei Zuständen mit unterschiedlichem Ausgabeverhalten statt, bleibt der Wert der Ausgabevariablen für den instabilen Zwischenzustand undefiniert.

Eine Realisierung durch NAND-Schaltglieder zeigt Abb. 5–26. Die Schaltglieder a, b bzw. e, f stellen die Speicherglieder dar für die internen Variablen y_1 bzw. y_2. Die Schaltglieder g, c, d bzw. h, i stellen die Setz- und Löschsignale bereit.

Betrachten wir dieses Schaltwerk in einem stabilen Zustand ① mit $y_1 = y_2 = 0$ und nehmen an, daß die Eingabevariable $x = 0$ übergeht zu $x = 1$.

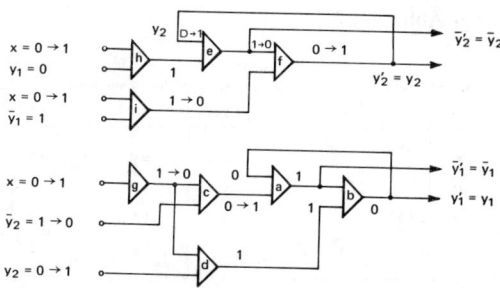

Abb. 5–26 Binärer Trigger als asynchrones Schaltwerk

Unter der Annahme, daß die Laufzeitverzögerung der Signale in den Schaltgliedern (h, i, e, f) groß ist gegenüber der Verzögerung durch das Negationsglied g, so zeigt die Werteverteilung in Abb. 5–26, daß der Wert der internen Variablen y_1 unverändert $y_1 = 0$ bleibt, während die Variable y_2 den Wert $y_2 = 1$ annimmt.

Das Schaltwerk erreicht bei diesen Annahmen den korrekten stabilen Zustand ②, wie in den Spezifikationen vorgesehen.

Falls jedoch die Signalverzögerung durch das Negationsglied g wesentlich größer ist als die Verzögerung durch die Schaltglieder (e, f, h, i) hat die Variable y_2 in der Rückkopplungsschleife bereits den Wert $y_2 = 1$ angenommen, während der Wert der Eingabevariablen x am Ausgang des Inverters noch $\bar{x} = 1$ beträgt, anstelle von $\bar{x} = 0$. Als Folge dieser Signalverzögerung ergibt sich für den Wert der Variablen y_1'

$$y_1' = y_1'(x = 0, y_1 = 0, y_2 = 1) = 1 .$$

Das Schaltwerk geht auf Grund dieses Fehlverhaltens zunächst in den stabilen Zustand ③ über. Nach einiger Zeit jedoch wird auch am Ausgang des Inverters der Wert $x = 0$ anliegen. Daraufhin erfolgt ein weiterer Übergang für $y_1 = 1$, $y_2 = 1$ und $x = 1$ in den stabilen Zustand ④.

Auf Grund dieser Laufzeitverzögerung des Eingangssignals x wird der fehlerhafte Endzustand ④ anstelle des korrekten Zustandes ② erreicht. Eine Darstellung dieses Fehlverhaltens in der Zustandstabelle zeigt Abb. 5–27.

Zustandstabelle			Kodierte Zustandsfunktion		
$y_1 y_2$	$x = 0$	$x = 1$	$y_1 y_2$	$x = 0$	$x = 1$
00	①	2	0 0	0 0	0 1
01	3	②	0 1	1 1	0 1
11	③	4	1 1	1 1	1 0
10	1	④	1 0	0 0	1 0

Abb. 5–27 Essentieller Hasard

5.1 Asynchrone Schaltwerke

Das Auftreten essentieller Hasards kann aus der Zustandstabelle eines asynchronen Schaltwerkes unmittelbar abgelesen werden. Falls ausgehend von einem stabilen Zustand ⓝ eine einmalige Veränderung einer Eingabevariablen zu einem stabilen Zustand ⓜ, eine dreimalige Veränderung dieser Variablen jedoch zu einem stabilen Zustand ⓟ ≠ ⓜ führt, so liegt ein *essentieller* Hasard vor. Essentielle Hasards stellen im wesentlichen eine kritische Laufzeitbedingung dar zwischen den Veränderungen einer Eingabevariablen und der Veränderung des Wertes einer internen Variablen. Dieses Fehlverhalten ist in der Struktur der Zustandstabelle begründet. Um essentielle Hasards zu beseitigen, muß durch Einführung zusätzlicher Laufzeiten sichergestellt werden, daß die Veränderung des Eingabesignales Vorrang hat gegenüber der Veränderung der internen Variablen.

5.1.4 Beispiele

In diesem Abschnitt werden eine Anzahl grundlegender Aufgabenstellungen die für den Entwurf von Rechenanlagen von Bedeutung sind und die Verwendung asynchroner Schaltwerke erfordern, dargestellt.

Beispiel 1: *Ringzähler*

In vielen Aufgabenstellungen ist es erforderlich aus einer periodischen Folge von Eingabeimpulsen auf verschiedenen Ausgabeleitun-

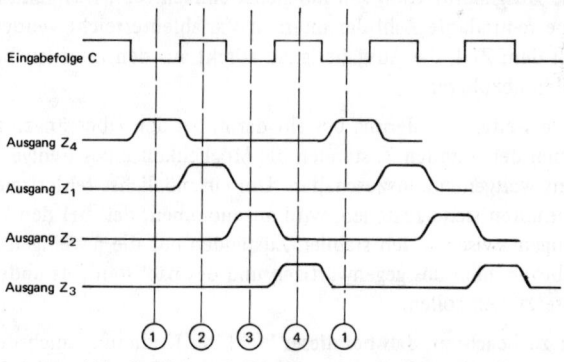

Abb. 5–28 Impuls-Zeit-Diagramm für Ringzähler

5. Binäre Darstellung endlicher Automaten

gen zeitlich gegeneinander versetzte Impulse bereitzustellen. Diese periodischen Impulsfolgen werden häufig als Taktimpulse zur Steuerung komplexer Vorgänge verwendet. Die Taktimpulse werden meist aus periodischen Rechteckimpulsen abgeleitet, wobei die Vorder- und die Rückflanke als Zählimpuls Verwendung finden. Ein Impuls-Zeit-Diagramm zeigt Abb. 5–28.

Aus der Analyse dieses Diagrammes ergibt sich die elementare Zustandstabelle in Abb. 5–29.

C = 0	C = 1	z_1	z_2	z_3	z_4
①	2	0	0	0	1
3	②	1	0	0	0
③	4	0	1	0	0
1	④	0	0	1	0

Nächster Zustand · Ausgabe

Abb. 5–29 Elementare Zustandstabelle für Ringzähler

Eine weitere Vereinfachung dieser Zustandstabelle ist nicht möglich. Für die Wahl der Zustandskodierung sind die folgenden Überlegungen wesentlich:

1. Die Ausgabefunktion soll möglichst einfach sein. Das kann durch eine redundante Zahl der internen Variablen erreicht werden mit dem Ziel, die Ausgabesignale direkt aus den internen Variablen abzuleiten.

2. Eine weitere Forderung besteht darin, bei den Übergängen zwischen den stabilen Zuständen die Möglichkeit eines Fehlverhaltens weitgehend auszuschalten. Um ein möglichst fehlerfreies Verhalten sicherzustellen, wird angenommen, daß bei den Übergängen zwischen den stabilen Zuständen nur die jeweiligen Ausgabevariablen des gegenwärtigen und des nächsten Zustandes gesetzt sein sollen.

Es ist zu beachten, daß bei dieser Wahl der Kodierung auch den instabilen Zuständen eine spezielle Kodierung zugeordnet wird,

5.1 Asynchrone Schaltwerke

während bisher die Kodierung des instabilen Zustandes identisch war mit dem zugeordneten stabilen Zustand.

Gegenw. Zustand	Nächster Zustand C = 0	C = 1
$y_1 y_2 y_3 y_4$	$y'_1 y'_2 y'_3 y'_4$	$y'_1 y'_2 y'_3 y'_4$
① 0 0 0 1	(0 0 0 1)	1 0 0 1
2　1 0 0 1	–	1 0 0 0
② 1 0 0 0	1 1 0 0	(1 0 0 0)
3　1 1 0 0	0 1 0 0	–
③ 0 1 0 0	(0 1 0 0)	0 1 1 0
4　0 1 1 0	–	0 0 1 0
④ 0 0 1 0	0 0 0 1	(0 0 1 0)
1　0 0 1 1	0 0 0 1	–

Abb. 5–30 Kodierte Zustandsfunktion für Ringzähler

Aus der kodierten Zustandsfunktion finden wir für die Variablen y'_1, y'_2, y'_3, y'_4 die in Abb. 5–31 gezeigten Abhängigkeiten

Eine Realisierung dieser Funktionen durch NAND-Schaltglieder zeigt Abb. 5–32.

Diese Schaltungsanordnung für einen Ringzähler ist durch die gewählte Spezifikation der instabilen Zustände von außerordentlicher Zuverlässigkeit. Jede Zählerstufe ist mit der vorhergehenden Stufe verbunden, wobei die vorhergehende Stufe erst dann gelöscht wird, sobald die nächste Stufe gesetzt ist.

Jede Stufe kann drei Ausgänge bereitstellen. Einen Ausgang ① der synchron zum Eingangssignal C ist. Die Ausgänge ② und ③ sind komplementär zueinander und geben zuverlässige sich überlappende Zeitsignale.

Ein weiterer Vorteil dieser Anordnung besteht darin, daß sich auf Grund ihres iterativen Charakters die Zahl der Ausgänge leicht vergrößern läßt durch Hinzufügung weiterer Stufen.

5. Binäre Darstellung endlicher Automaten

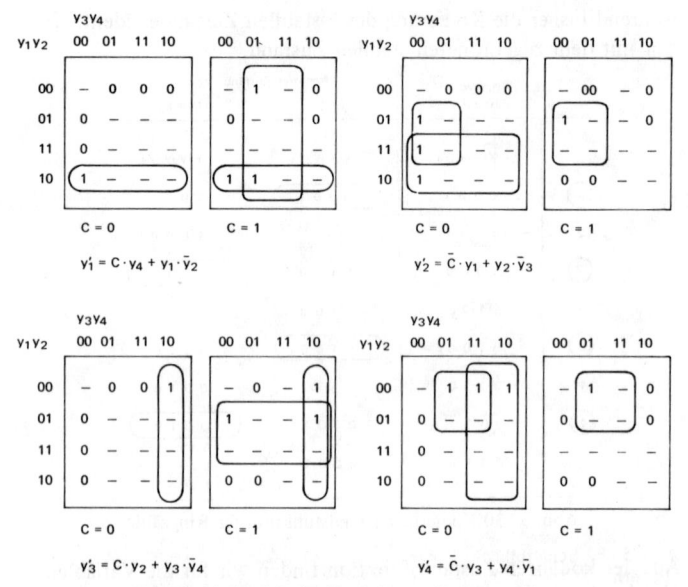

Abb. 5–31 Boole'sche Funktionen für Ringzähler

$$y'_1 = C \cdot y_4 + y_1 \cdot \bar{y}_2$$

$$y'_2 = \bar{C} \cdot y_1 + y_2 \cdot \bar{y}_3$$

$$y'_3 = C \cdot y_2 + y_3 \cdot \bar{y}_4$$

$$y'_4 = \bar{C} \cdot y_3 + y_4 \cdot \bar{y}_1$$

Da in dieser Anordnung das Eingangssignal C und das komplementäre Signal $\bar{C}$ auftreten, besteht grundsätzlich die Möglichkeit des Auftretens statischer Hasards, sobald die Bedingung $C \cdot \bar{C} = 0$ verletzt wird. Eine genauere Analyse dieser Schaltung zeigt jedoch, daß die gewählte Anordnung auch in dieser Hinsicht außerordentlich stabil ist, solange die Laufzeitverzögerung und der Impulsabstand der Rechteckimpulse in einem vertretbaren Verhältnis stehen.

Beispiel 2: *Speicherelement als asynchrones Schaltwerk*

Als Beispiel der Realisierung eines Speicherelementes durch ein asynchrones Schaltwerk wird die Herleitung eines R-S-Elementes beschrieben. Zusätzlich zu der üblichen Spezifikation der R-S-Elemente wird eine beliebige Überlappung der Setz- und Löschsignale zugelassen. In diesem Fall wird angenommen, daß das Speicherelement den jeweiligen komplementären Zustand annimmt.

5.1 Asynchrone Schaltwerke

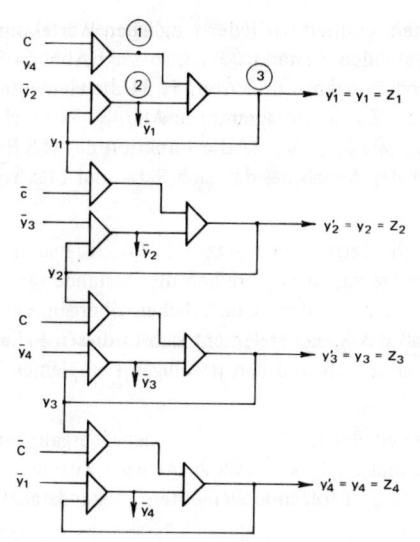

Abb. 5–32 Schaltbild für Ringzähler unter Verwendung von NAND-Schaltgliedern

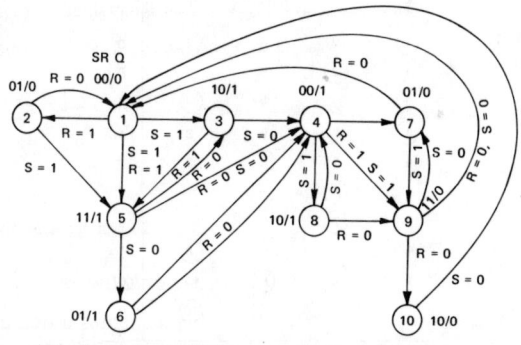

Abb. 5–33 Zustandsdiagramm für Speicherelement

1. *Herleitung der elementaren Zustandstabelle:* Zur Erstellung einer elementaren Zustandstabelle ist es erforderlich, alle Wertekombinationen der Eingangssignale R und S sowie der Ausgangssignale Q

zu untersuchen. Ordnen wir jeder möglichen Wertekombination R-S-Q einen stabilen Zustand ⓚ zu, so zeigt Abb. 5–33 die möglichen Zustandsübergänge und Abb. 5–34 die elementare Zustandstabelle. In dem Zustandsdiagramm in Abb. 5–34 beschreiben die Zustände ①, ②, ③, ④, ⑦ die Funktion des R-S-Speicherelementes unter der Annahme, daß sich Setz- und Löschsignale nicht überlappen.

Lassen wir sich überlappende Setz- und Löschsignale in beliebiger Aufeinanderfolge zu, so beschreiben die Zustände ⑤, ⑥, ⑧, ⑨ und ⑩ die zusätzlich erforderlichen Übergänge. Diese sind so festgelegt, daß das Speicherelement sich in diesen Fällen wie ein binärer Trigger verhält und den jeweiligen komplementären Zustand annimmt.

Beispielsweise erfolgt für R = 1, S = 1 der Übergang von Zustand ① nach Zustand ⑤ bzw. Zustand ④ nach Zustand ⑨. Die aus diesen Festlegungen folgende elementare Zustandstabelle zeigt Abb. 5–34.

SR 00	01	11	10	Q
①	2	5	3	0
1	②	5	–	0
4	–	5	③	1
④	7	9	8	1
4	6	⑤	3	1
4	⑥	–	–	1
1	⑦	9	–	0
4	–	9	⑧	1
1	7	⑨	10	0
1	–	–	⑩	0

Abb. 5–34 Elementare Zustandstabelle für R-S-Speicherelement

2. *Zustandsreduktion:* Die elementare Zustandstabelle enthält eine vollständige Beschreibung aller Abläufe des Schaltwerkes, die sich als Folge einer Veränderung der Eingabevariablen ergeben. Diese

5.1 Asynchrone Schaltwerke

Zustandsbeschreibung kann vereinfacht werden durch Zustandsreduktion oder durch Zusammenlegung von elementaren Zuständen zu kombinierten Zuständen.

Zur Durchführung der Zustandsreduktion kann das im Abschnitt 3.3.5 beschriebene Verfahren für unvollständig definierte Automaten verwendet werden. Es besteht darin, daß alle Zustände mit identischem Ausgabeverhalten in Zustandsklassen zusammengefaßt werden und die sogenannte Endklasse bestimmt wird. Sie hat die Eigenschaft, daß für alle Eingabegrößen, die Zustandsklassen ineinander übergeführt werden. Liegen zwei Zustände s_i, s_j in dem gleichen Block B_i der Endklasse, so liegen auch die nächsten Zustände s'_i, s'_j wieder in einem der Blöcke B_j der Endklasse. Die Blöcke der Endklasse enthalten alle äquivalenten bzw. kompatiblen Zustände.

Die Bestimmung der Endklasse nach diesem Verfahren für das Beispiel des Speicherelementes zeigt Abb. 5–35. Ausgangspunkt sind die beiden Blöcke B_1 (1, 2, 7, 9, 10) und B_2 (3, 4, 5, 6, 8)

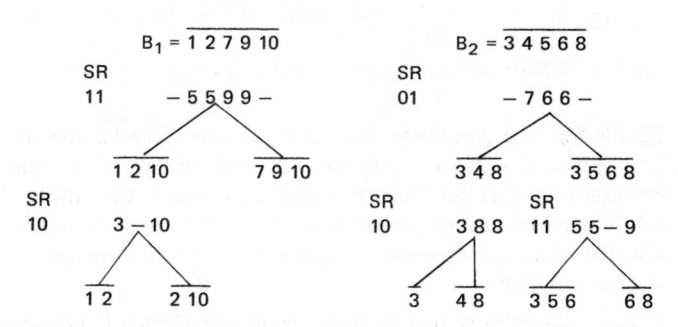

$$B_1 = \overline{1\ 2\ 7\ 9\ 10} \qquad\qquad B_2 = \overline{3\ 4\ 5\ 6\ 8}$$

SR					SR			
11		–5 5 9 9–			01		–7 6 6–	
	1 2 10		7 9 10			3 4 8		3 5 6 8
SR					SR		SR	
10		3 – 10			10	3 8 8	11	5 5 – 9
	1 2		2 10			3	4 8	3 5 6	6 8

Endklasse:

$E_K = (1^0\ 2^0),\ (3^1\ 5^1\ 6^1),\ (4^1\ 8^1),\ (7^0\ 9^0\ 10^0)$

SR										
00	1	1	4	4	4	4	4	1	1	1
01	2	2	–	6	6	7	–	7	7	–
11	5	5	5	5	–	9	9	9	9	–
10	3	–	3	3	–	8	8	–	10	10

Abb. 5–35 Bestimmung der Endklasse für Beispiel 2

5. Binäre Darstellung endlicher Automaten

Die Bestimmung der nächsten Zustände für alle Kombinationen von Eingabesignalen R und S ergibt schließlich die Aufteilung E der Zustandsmenge. Nach der Eliminierung redundanter Teilmengen und mehrfach auftretender Zustände ergibt sich schließlich eine Aufteilung der Zustandsmenge, deren Blöcke die maximale Zahl kompatibler Zustände enthalten. Die hochgestellte Indizierung kennzeichnet das jeweilige Ausgabezeichen.

Wählen wir nun aus dieser Aufteilung E_k die Zustände ①, ③, ④, ⑦ als Repräsentanten dieser Blöcke aus, so ergibt sich die reduzierte Zustandsfunktion, wie in Abb. 5–36 gezeigt.

	Zustandsfunktion				Ausgabefunktion			
	SR				SR			
s^i	00	01	11	10	00	01	11	10
①	①	①	3	3	0	0	–	–
③	4	③	③	③	1	1	1	1
④	④	7	7	4	1	–	–	1
⑦	1	⑦	⑦	⑦	0	0	0	0

Abb. 5–36 Zustands- und Ausgabefunktion für reduzierte Zustandsmenge

Für die Wahl des Ausgabezeichens ist zu beachten, daß für alle diejenigen instabilen Zustände, die einen Wechsel des Ausgabezeichens bedingen, der Wert des Ausgabezeichens nicht definiert ist. Bleibt jedoch der Wert des Ausgabezeichens unverändert, so erhält der instabile Zustand das jeweilige Ausgabezeichen der zugeordneten stabilen Zustände.

3. *Zustandskodierung* und Bestimmung der Boole'schen Funktionen: Für die Wahl der Zustandskodierung wird die Regel angewendet, daß Zustände, die zum gleichen nächsten Zustand führen, benachbarte Kodierungen erhalten. Es ergibt sich die in Abb. 5–37 gezeigte Kodierung und nach Einsetzen dieser Kodierung die entsprechenden Boole'schen Funktionen für die Ausgabe- und Zustandsfunktion.

Eine Realisierung dieser Funktionen durch NAND-Schaltglieder zeigt Abb. 5–38.

5.1 Asynchrone Schaltwerke

s	$y_1 y_2$
①	0 0
③	0 1
④	1 1
⑦	1 0

$y_1 y_2$ \ SR	00	01	11	10
0 0	0	0	0	0
0 1	1	0	0	0
1 1	1	1	1	1
1 0	0	1	1	1

$y_1' = R \cdot y_1 + S \cdot y_1 + \bar{S} \cdot \bar{R} \cdot y_2$

$y_1 y_2$	00	01	11	10
0 0	0	0	1	1
0 1	1	1	1	1
1 1	1	0	0	1
1 0	0	0	0	0

$y_2' = S \cdot \bar{y}_1 + \bar{R} \cdot y_2 + \bar{y}_1 \cdot y_2$

$y_1 y_2$	00	01	11	10
0 0	0	0	–	–
0 1	1	1	1	1
1 1	1	–	–	1
1 0	0	0	0	0

$Z = y_2$

Abb. 5–37 Zustandskodierung und Bestimmung der Boole'schen Funktionen

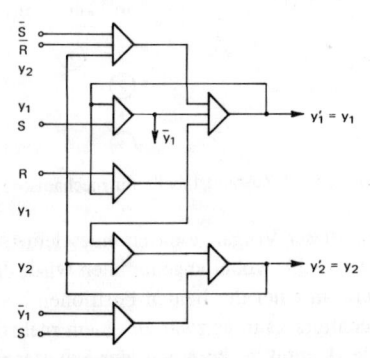

Abb. 5–38 Schaltbild für R-S-Speicherelement mit überlappten Eingabesignalen

Beispiel 3: *Einzelimpulserzeugung*

Eine Aufgabenstellung, die nur mit asynchronen Schaltwerken gelöst werden kann, ist die Bereitstellung eines Einzelimpulses in Verbindung mit asynchronen Schaltvorgängen. Beispielsweise erfordert die manuelle Eingabe durch ein Tastenfeld oder Eingabe-Ausgabevorgänge in Verbindung mit mechanischen Einheiten die Bereitstellung von Synchronisationsimpulsen zu einem Grundtakt.

Diese Aufgabenstellung umfaßt zwei Teilprobleme. Einmal muß der mechanische Schalter, der zur Erzeugung des asynchronen Steuersignales verwendet wird, störungsfrei gemacht werden. Weiter muß sichergestellt werden, daß bei beliebiger Lage des asynchronen Steuersignales zum Grundtakt, beispielsweise bei angeschnittenen Taktimpulsen, jeweils nur ein einzelner voller Taktimpuls ausgegeben wird.

1. *Beseitigung elektrischer Störsignale in mechanischen Schaltern:*

Ein mechanischer Schalter verfügt im allgemeinen über zwei stabile Positionen „EIN" und „AUS" wie in Abb. 5–39 gezeigt. Beim Wechsel von einer stabilen Stellung zur anderen kann jedoch ein mehrfaches kurzzeitiges Öffnen und Schließen des Kontaktes auftreten.

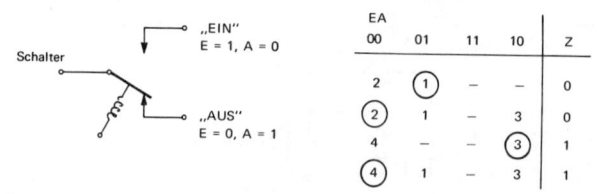

EA				
00	01	11	10	Z
2	(1)	–	–	0
(2)	1	–	3	0
4	–	–	(3)	1
(4)	1	–	3	1

Abb. 5–39 Elementare Zustandstabelle für mechanischen Schalter

Die Beschreibung dieser Vorgänge durch eine elementare Zustandstabelle zeigt Abb. 5–39, wobei angenommen wird, daß der Schalter sich normalerweise in einer der beiden Positionen befindet. Bei Betätigen des Schalters kann es zwar zu einem mehrfachen Öffnen und Schließen des Kontaktes kommen, der Schalter wird aber nicht mehr in die Ausgangsposition zurückkehren. Die elementare

5.1 Asynchrone Schaltwerke

Zustandstabelle kann weiter vereinfacht werden. Eine Zustandskodierung ergibt dann die in Abb. 5–40 gezeigte Schaltungsanordnung.

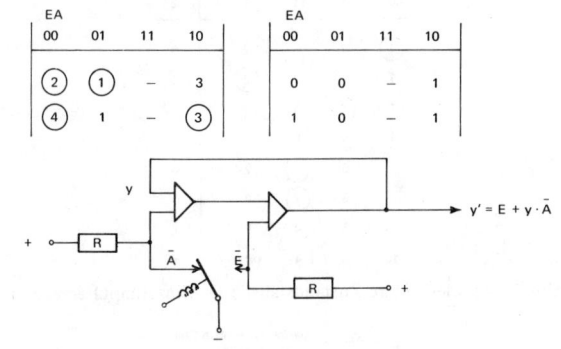

	EA					EA			
	00	01	11	10		00	01	11	10
	②	①	–	3		0	0	–	1
	④	1	–	③		1	0	–	1

Abb. 5–40 Elektrisch störungsfreier mechanischer Schalter

Ausgang: $y' = E + y \cdot \bar{A}$

2. *Bereitstellung eines Einzelimpulses:* Nachdem nun sichergestellt ist, daß der asynchrone Steuerimpuls in einwandfreier Form bereitgestellt wird, erfolgt in einem nächsten Schritt die Bereitstellung eines Einzelimpulses synchron zum Grundtakt. Dazu ist es erforderlich, alle Möglichkeiten in der Lage der Steuersignale zu den Taktimpulsen zu analysieren. Abb. 5–41 zeigt ein Zustandsdiagramm, das alle Einzelvorgänge beschreibt. Es sind im wesentlichen die folgenden Fälle zu unterscheiden:

1. Der Taktimpuls liegt bereits vor bei Erscheinen des Steuersignales. In diesem Fall muß das Erscheinen des nächsten Taktimpulses abgewartet werden, bevor ein Einzelimpuls ausgegeben werden kann.

2. Der Steuerimpuls erscheint vor dem nächsten Taktimpuls (C = 1, T = 0). In diesem Fall erfolgt beim nächsten Taktimpuls (T = 1) die Ausgabe des Einzelimpulses.

3. Nach Ausgabe des Einzelimpulses muß das Verschwinden des Steuersignales abgewartet werden, bevor das Schaltwerk in seinen Ausgangszustand zurückkehrt und bereit ist zur Ausgabe weiterer Einzelimpulse.

5. Binäre Darstellung endlicher Automaten

Die detaillierte Beschreibung der Vorgänge zeigt die elementare Zustandstabelle und der Zustandsgraph in Abb. 5–42.

TC 00	01	11	10	Z
①	3	–	2	0
1	–	7	②	0
1	③	4	–	0
1	⑤	6	–	0
–	5	⑥	2	0
–	3	⑦	2	0
–	5	④	8	1
1	–	4	⑧	1

Abb. 5–41 Elementare Zustandstabelle für Einzelimpulserzeugung

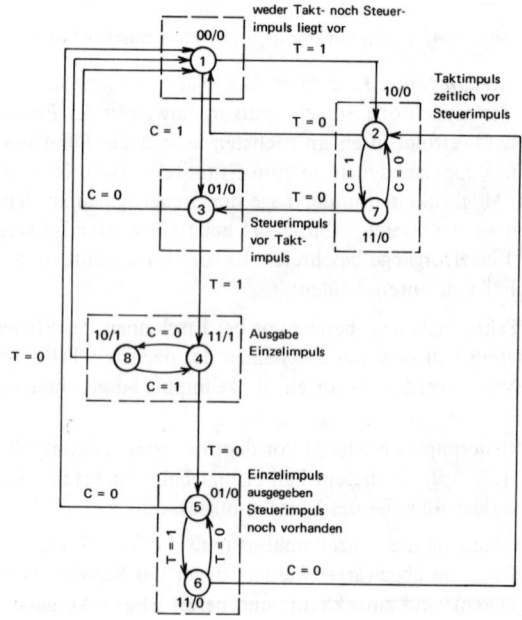

Abb. 5–42 Zustandsdiagramm für Einzelimpulserzeugung

5.1 Asynchrone Schaltwerke

TC	1	2	3	5	6	7	$\overline{4\ 8}$	
00	1	1	1	1	–	–	–	1
01	3	–	3	5	5	3	5	–
11	–	7	4	6	6	7	4	4
10	2	2	–	–	2	2	8	8

	$\overline{1\ 2\ 5\ 6\ 7}$					$\overline{1\ 3}$	
00	1	1	1	–	–	1	1
01	3	–	5	5	3	3	3
11	–	7	6	6	7	–	4
10	2	2	–	2	2	2	–

	$\overline{1\ 2\ 7}$			$\overline{2\ 5\ 6}$		
00	1	1	–	1	1	–
01	3	–	3	–	5	5
11	–	7	7	7	6	6
10	2	2	2	2	–	2

$\overline{2}$	$\overline{5\ 6}$

Endklasse:

$(1^0\ 2^0\ 7^0)\ (5^0\ 6^0)\ (3^0)\ (4^1\ 8^1)$

Abb. 5–43 Bestimmung der Endklasse für Einzelimpulserzeugung

Die Anwendung des Zustandsreduktionsverfahrens für unvollständig definierte Automaten in Abschnitt 3.3 ergibt schließlich die reduzierte Zustandsmenge (Abb. 5–43) und die reduzierte Zustandstabelle in Abb. 5–44.

	TC 00	01	11	10	TC 00	01	11	10
①	①	3	①	①	0	0	0	0
⑤	1	⑤	⑤	1	0	0	0	0
③	1	③	4	–	0	0	–	–
④	1	5	④	④	–	–	1	1

Abb. 5–44 Reduzierte Zustandstabelle für Einzelimpulserzeugung

50   5. Binäre Darstellung endlicher Automaten

	TC					TC			
s $y_1 y_2$	$y_1 y_2$	00	01	11	10	$y_1 y_2$ 00	01	11	10
1 0 0	00	0	0	0	0	00	0	1	0	0
3 0 1	01	0	0	1	–	01	0	1	1	–
4 1 1	11	0	1	1	1	11	0	0	0	0
5 1 0	10	0	1	1	0	10	0	0	0	0

$y'_1 = T \cdot y_2 + C \cdot y_1$ $y'_2 = T \cdot y_2 + \bar{T} \cdot C \cdot \bar{y}_1 + C \cdot \bar{y}_1 \cdot y_2$

Abb. 5–45 Zustandsfunktion für Einzelimpulserzeugung

Nach Durchführung einer Zustandskodierung ergeben sich die in Abb. 5–45 gezeigten Boole'schen Funktionen und das entsprechende Schaltbild für die Einzelimpulserzeugung (Abb. 5–46).

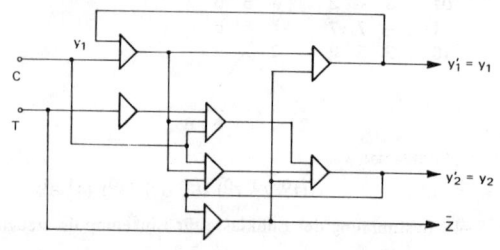

Abb. 5–46 Schaltbild für Einzelimpulserzeugung

5.1.5 Aufgaben zu Abschnitt 5.1

A 5/1: Gesteuerte Dateneingabe in Speicherelement.
Es ist ein asynchrones Schaltwerk zu entwerfen, das über einen Dateneingang D und eine Steuerleitung C sowie einen Ausgang Z verfügt. Sobald der Steuereingang C gesetzt wird, nimmt der Ausgang Z des Schaltwerkes den Zustand des Dateneinganges D an. Wird das Steuersignal C zurückgesetzt, so bleibt der Ausgang Z unverändert bis zum Erscheinen des nächsten Steuersignales C.

A 5/2: Gesteuerte Datenausgabe in einem Speicherelement.
Es ist ein asynchrones Schaltwerk zu entwerfen, das über einen

Dateneingang D und eine Steuerleitung C sowie einen Ausgang Z verfügt. Die Ausgangsleitung Z ist dann und nur dann gesetzt, sobald die Steuerleitung C gesetzt ist und zum Zeitpunkt des Setzens der Steuerleitung der Dateneingang D gesetzt war. Wird der Steuereingang C zurückgesetzt, so wird auch der Ausgang Z zurückgesetzt.

A 5/3: Gesteuerter Oszillator.
Es ist ein asynchrones Schaltwerk zu entwerfen, das auf einem Eingang O periodische Rechteckimpulse aus einem Oszillator erhält. Über einen Steuereingang C werden Steuersignale variabler Länge eingegeben. Auf einer Ausgangsleitung Z sind Rechteckimpulse synchron zum Eingang O auszugeben, wobei nur volle Rechteckimpulse zugelassen sind.

A 5/4: Binärere Komparator:
Es ist ein asynchrones Schaltwerk zu entwerfen, das drei Eingänge aufweist. X, Y sind die zu vergleichenden Größen, C ist ein Steuereingang. Sobald C = 1 gesetzt ist, wird der Zustand der Eingangsleitungen X, Y verglichen. Das Schaltwerk verfügt über zwei Ausgangsleitungen Z1, Z2. Der Ausgang Z1 wird gesetzt, sobald die Eingangsfolge X als binäre Zahl aufgefaßt größer ist als die durch die Eingangsfolge Y dargestellte Zahl. Entsprechend wird der Ausgang Z2 gesetzt, sobald X kleiner als Y ist. Sind beide durch die Eingangsfolgen X, Y dargestellte Binärzahlen gleich, so ist Z1 = 0 und Z2 = 0.

A 5/5: Binärzähler.
Es ist ein asynchrones Schaltwerk zu entwerfen, das als binärer Zähler operiert. Auf einer Eingangsleitung I erscheinen Impulsfolgen. Mit jeder Vorderflanke eines Eingangsimpulses ist ein Zählvorgang verknüpft. Am Ausgang stehen zwei Ausgangsleitungen Z1, Z2 zur Verfügung, die in binärer Reihenfolge gesetzt werden, so daß die binären Werte 0, 1, 2, 3 dargestellt werden.
Modifikationen: a) Zählen bei Vorder- und Rückflanke des Eingangsimpulses, b) Erweiterung auf die binären Werte $0, \ldots, 2^n - 1$.

A 5/6: Schieberegisterstufe.
Es ist ein asynchrones Schaltwerk zu entwerfen, das als Schiebe-

registerstufe verwendet werden kann. Das Schaltwerk hat zwei Eingänge, am Eingang I der Schieberegisterstufe liegt der Ausgang der vorhergehenden Stufe Z, weiter ein Steuereingang S, der das Steuersignal für den Verschiebungsvorgang zur Verfügung stellt.

Sobald ein Schiebeimpuls S erscheint, nimmt die Registerstufe den Wert an, der in der vorhergehenden Stufe gespeichert ist und gibt gleichzeitig den in ihr gespeicherten Wert an die nächste Stufe weiter. Wird der Schiebeimpuls S zurückgesetzt, so verbleibt jede Stufe in dem jeweiligen Zustand.

5.2 Zustandskodierung mit reduzierter Abhängigkeit

Die Realisierung endlicher Automaten durch Schaltwerke ist im wesentlichen bestimmt durch die Festlegungen zur Darstellung der zeitlichen Abläufe und durch die Auswahl einer binären Kodierung für die Zeichen und Zustände des Automaten.

In Hinblick auf die Darstellung der zeitlichen Abläufe wurden zwei Möglichkeiten beschrieben, die Realisierung durch synchrone Schaltwerke unter Benutzung eines Grundtaktes sowie die Verwendung asynchroner Schaltwerke.

In diesem Abschnitt wird das Problem der Auswahl einer binären Kodierung für endliche Automaten untersucht. Diese Aufgabenstellung kann jedoch nur aus der begrenzten Sicht der Anwendung in Schaltwerken dargestellt werden. Nach einer Abschätzung der Gesamtheit der möglichen Zustandskodierungen wird ein Verfahren beschrieben, das zu Zustandsfunktionen mit reduzierter Abhängigkeit führt. Die Zahl der unabhängigen Variablen in den Boole'schen Funktionen zur Darstellung der Zustands- und der Ausgabefunktion des Automaten soll so gering wie möglich sein.

Der Zusammenhang dieser Aufgabenstellung mit grundlegenden Untersuchungen zur Strukturtheorie endlicher Automaten, insbesondere der Zerlegung in Teilautomaten wird beschrieben.

Durch die binäre Kodierung der Zeichen und Zustände eines endlichen Automaten wird der Übergang von einer Zustandsbeschreibung zu einer binären Darstellung in der Form eines Schaltwerkes

5.2 Zustandskodierung mit reduzierter Abhängigkeit

hergestellt. Umfaßt das Eingabealphabet $X = \{x_1, \ldots x_p\}$ p Zeichen, das Ausgabealphabet $Z = \{z_1, \ldots z_q\}$ q Zeichen und die Zustandsmenge $S = \{s_1, \ldots s_r\}$ r Zustände, so ist die Zahl der binären Variablen, n, m, s für die Kodierung der Zeichen und Zustände bestimmt durch die Ungleichungen $p \leqslant 2^n$, $q \leqslant 2^m$, $r \leqslant 2^s$.

Im folgenden beschränken wir uns auf die Untersuchung der Kodierung der Zustandsmenge. Es wird angenommen, daß zur Kodierung der r internen Zustände $s_1, \ldots s_r$ die minimale Anzahl von binären Variablen verwendet wird. Es gilt daher $2^{s-1} < r \leqslant 2^s$.

Eine Abschätzung über die Gesamtheit der möglichen Zustandskodierungen ergibt sich aus der folgenden Überlegung:

1. Die binäre *Kodierung* der Zustände $s_1, \ldots s_r$ durch die Variablen $y_1, \ldots y_s$ ist gleichbedeutend mit der *Auswahl* von r Kodewörtern aus den insgesamt verfügbaren 2^s Kodierungen. Diese Anzahl ist gegeben durch $N = \binom{2^s}{r}$. Sie muß aber noch weiter modifiziert werden, da die r ausgewählten Kodewörter, die den Zuständen $s_1, \ldots s_r$ zugeordnet werden, beliebig permutiert werden können. Es ergibt sich daher $N = \binom{2^s}{r} \cdot r! = r! \cdot \dfrac{2^s}{(2^s - r)!} = \dfrac{2^s}{(2^s - r)!}$.

2. Physikalisch gesehen sind aber gewisse Kodierungen identisch und zwar alle diejenigen, die entstehen durch die *Umbenennung* der Variablen und durch die *Komplementbildung* der Variablen durch eine Vertauschung von y_i mit $\bar{y}_i$. Die Zahl der durch Umbenennung und Komplementbildung sich ergebenden Kodierungen ist gegeben durch $2^s \cdot s!$ als Folge der Permutation von s Variablen und der 2^s möglichen Komplemente.

Daraus ergibt sich die Zahl der physikalisch unterscheidbaren minimalen Kodierungen zu

$$N = \frac{2^s!}{(2^s - r)!} = \frac{1}{s! \cdot 2^s} = \frac{(2^s - 1)!}{(2^s - r)! \cdot s!}.$$

5. Binäre Darstellung endlicher Automaten

Eine numerische Auswertung dieses Ausdruckes zeigt, daß die Zahl der möglichen Kodierungen extrem ansteigt, sobald die Zahl der Zustände $r > 8$ wird. So ergibt sich beispielsweise für die Zahl der Kodierungen von 9 Zuständen ($r = 9$), für die vier binäre Variable erforderlich sind ($s = 4$) $N = 15!/7! \cdot 4! = \sim 10^7$.

Auf Grund der großen Anzahl möglicher Kodierungen ist es daher erforderlich, gewisse Richtlinien für die Auswahl einer Kodierung zur Verfügung zu haben. Bereits im Abschnitt 4.3 wurde darauf hingewiesen, daß zur Erreichung eines gewissen Minimalaufwandes an Schaltgliedern die Anwendung der folgenden Regeln zweckmäßig ist:

Regel 1: Zwei oder mehreren Zuständen, die für ein beliebiges Eingabezeichen zu einem gemeinsamen nächsten Zustand führen, sollen benachbarte Kodierungen zugewiesen werden, deren Bitkombinationen sich nur in einer Position unterscheiden.

Regel 2: Zwei oder mehreren Zuständen, die die nächsten Zustände eines Zustandes sind, sollen benachbarte Kodierungen erhalten.

Die Wirksamkeit dieser Regeln beruht auf der Einsicht, daß bei ihrer Anwendung die Darstellung der Boole'schen Funktionen durch Karnough-Tafeln eine günstige Verteilung der Funktionswerte zeigt, so daß vereinfachte Boole'sche Funktionen durch Zusammenfassung geeigneter Felder ableitbar sind.

Das Bemühen, eine möglichst *einfache* Zustandskodierung zu finden, bedeutet, daß eine Kodierung der Zustände angestrebt wird, in der jede Zustandsvariable $y'_i = y'_i(x_1, \dots x_p, y_1, \dots y_r)$ von möglichst wenig Eingabevariablen $x_1, \dots x_p$ und möglichst wenig internen Variablen $y_1, \dots y_r$ abhängt.

Diese Forderung läßt sich jedoch nur für einen Teil der internen Variablen erfüllen, so daß sich die folgende verallgemeinerte Formulierung dieser Zielsetzung ergibt:

Es ist eine binäre Kodierung der Zustandsmenge $S = \{s_1, \dots s_r\}$ durch die Variablen $y_1, \dots y_s$ gesucht, derart, daß die Variablen $y'_1, \dots y'_k$ nur von den Eingabevariablen und den internen Variablen

5.2 Zustandskodierung mit reduzierter Abhängigkeit

$y_1, \ldots y_k$ abhängen, während die Variablen $y'_{k+1} \ldots y'_s$ im allgemeinen von allen Zustandsvariablen abhängig sind. Es gilt daher

$$y'_1 = y'_1(x_1, \ldots x_p, y_1, \ldots y_k)$$
$$y'_k = y'_k(x_1, \ldots x_p, y_1, \ldots y_k)$$
$$y'_{k+1} = y'_{k+1}(x_1, \ldots x_p, y_1, \ldots y_k, y_{k+1}, \ldots y_s)$$
$$y'_s = y'_s(x_1, \ldots x_p, y_1, \ldots y_k, y_{k+1}, \ldots y_s)$$

Erfüllen die Boole'schen Funktionen zur Beschreibung des nächsten Zustandes diese Forderung, so sprechen wir von einer *Zustandskodierung mit reduzierter Abhängigkeit* [vgl. 18; 42; 28].

Eine weitere Forderung besteht darin, das Vorhandensein einer Zustandskodierung mit reduzierter Abhängigkeit unmittelbar aus der Struktur der Zustandsfunktion $f_s(x, s)$ zu erkennen und Anweisungen für die Durchführung der Kodierung zu geben.

Diese Aufgabenstellung wurde von J. Hartmanis eingehend untersucht und ergab grundsätzliche Einsichten in die Struktur von endlichen Automaten und ihrer Zerlegung in Teilautomaten.

5.2.1 Mathematische Grundlagen

In diesem Abschnitt werden mathematische Begriffsbildungen kurz dargestellt, die Operationen mit Mengen definieren. Sie sind zunächst völlig unabhängig von einer Anwendung auf Automaten (vgl. Band I, Anhang 1).

Betrachten wir eine beliebige Kodierung einer Zustandsmenge, wie beispielsweise die Kodierung der Menge $S = \{a, b, c, d, e, f, g, h\}$ in Abb. 5–47. Werden die Werte bestimmter Variablen konstant gehalten, z. B. $y_1 = 0$, so bilden alle Zustände, für die $y_1 = 0$ gilt, eine Teilmenge S_1 von S.

$$S_1 = \{y_1 = 0 \mid a, b, c, d\} \quad \text{oder}$$
$$S_2 = \{y_1 = 1 \mid e, f, g, h\}$$

Werden zwei Variable konstant gehalten, etwa $y_1 = 0$, $y_2 = 0$, so ergibt sich $S_3 = \{y_1 = 0, y_2 = 0 \mid a, b\}$. Für drei Variable erhalten

s	y_1	y_2	y_3
a	0	0	0
b	0	0	1
c	0	1	0
d	0	1	1
e	1	0	0
f	1	0	1
g	1	1	0
h	1	1	1

Abb. 5-47 Zustandskodierung

wir bei Wahl einer bestimmten Werteverteilung die Einzelzustände dieser Kodierung, z. B. $S_4 = \{y_1 = 0, y_2 = 1, y_3 = 0 \mid c = 0\}$.

Die binären Variablen induzieren eine Aufteilung der Zustandsmenge in Teilmengen, die als Zerlegung einer Zustandsmenge bezeichnet werden.

Unter der *Zerlegung* einer Zustandsmenge S in die Teilmengen $\{S_1, \ldots S_k\}$ verstehen wir die Bildung von Teilmengen von S, so daß gilt:

1. Zwei beliebige Teilmengen S_i, S_j haben kein Element gemeinsam. Der Durchschnitt der Teilmengen S_i und S_j ergibt die leere Menge $S_i \cdot S_j = 0$.

2. Die Vereinigung aller Teilmengen $S_1, \ldots S_k$ ergibt die Menge S
$$S = S_1 + S_2 + \ldots + S_k$$

Die Teilmengen einer Zerlegung der Zustandsmenge werden als *Blöcke* bezeichnet. Zerlegungen der Menge $S = \{a, b, c, d, e, f, g, h\}$ sind z. B.

$$p_1 = \{S_1, S_2\} = \{\overline{abcd}, \overline{efgh}\} \text{ oder } p_2 = \{\overline{ab}, \overline{cd}, \overline{ef}, \overline{gh}\}$$

Unter einer *trivialen* Zerlegung verstehen wir entweder eine Zerlegung, in der jeder Block nur ein Element enthält
$p(0) = \{\overline{a}, \overline{b}, \overline{c}, \overline{d}, \overline{e}, \overline{f}, \overline{g}, \overline{h}\}$ oder eine Zerlegung, in der alle Elemente in einem Block enthalten sind – $p(1) = \{\overline{abcdefgh}\}$.

Für die Zerlegung einer Menge werden die Operationen des *Produktes* und der *Summe* zweier Zerlegungen sowie eine Ordnungsrelation in der Form einer Größer-kleiner-Beziehung eingeführt.

5.2 Zustandskodierung mit reduzierter Abhängigkeit

Sind p_1 und p_2 zwei Zerlegungen der Menge S, so ist das *Produkt* dieser Zerlegungen $p_3 = p_1 \cdot p_2$ gegeben durch eine Zerlegung der Menge S, deren Blöcke gebildet sind durch den nicht leeren Durchschnitt aller in p_1 und p_2 enthaltenen Blöcke.

Aus den Zerlegungen $p_1 = \{\overline{16}, \overline{2345}\}$ und $p_2 = \{\overline{1236}, \overline{45}\}$ ist die Zerlegung $p_3 = p_1 \cdot p_2$ gebildet durch
$p_3 = \{\overline{16} \cdot \overline{1236}, \overline{16} \cdot \overline{45}, \overline{2345} \cdot \overline{1236}, \overline{2345} \cdot \overline{45}\} = \{\overline{16}, \overline{23}, \overline{45}\}$.

Die *Summe* zweier Zerlegungen $p_3 = p_1 + p_2$ ist diejenige Zerlegung, deren Blöcke gegeben sind durch die Vereinigung aller Blöcke, deren Durchschnitt nicht leer ist. Sind die Zerlegungen gegeben durch $p_1 = \{\overline{12}, \overline{34}, \overline{56}, \overline{789}\}$ und $p_2 = \{\overline{16}, \overline{23}, \overline{45}, \overline{78}, \overline{98}\}$, so sind die Blöcke die gemeinsame Elemente enthalten, deren Durchschnitte also nicht leer ist, gegeben durch $\{\overline{12} + \overline{16} + \overline{23} + \overline{34} + \overline{45} + \overline{56}\}$ sowie durch $\{\overline{789} + \overline{78} + \overline{9}\}$ so, daß wir erhalten $p_3 = p_1 + p_2 = $
$= \{\overline{123456}, \overline{789}\}$.

Eine Zerlegung p_1 der Menge S ist *kleiner* oder *gleich* zu einer Zerlegung p_2, $p_1 \leq p_2$ dann und nur dann, wenn jeder Block von p_1 in irgend einem Block von p_2 enthalten ist. Für die oben ermittelten Zerlegungen $p_1 = \{\overline{16}, \overline{2345}\}$, $p_2 = \{\overline{1236}, \overline{45}\}$ und $p_3 = $
$= \{\overline{16}, \overline{23}, \overline{45}\}$ gilt beispielsweise $p_3 < p_1$ und $p_3 < p_2$, während jedoch die beiden Zerlegungen p_1, p_2 nicht vergleichbar sind.

Die Zerlegung $p(1)$ enthält alle Zustände in einem Block, sie ist im Sinne der oben definierten Ordnungsrelation die *größte* aller Zerlegungen, es gilt $p(1) > p_i$.

Die Zerlegung $p(0)$, in der jeder Block nur ein Element enthält, ist die *kleinste* Zerlegung aller Zerlegungen.

Für das Produkt zweier Zerlegungen $p = p_1 \cdot p_2$ gilt auf Grund seiner Definition, daß $p < p_1$ und $p < p_2$, sofern $p_1 \neq p_2$.

Für die Summe zweier Zerlegungen $q = p_1 + p_2$ gilt $q > p_1$ und p_2, sofern $p_1 \neq p_2$.

Durch die eingeführte Ordnungsrelation lassen sich alle Zerlegungen einer Menge in einem *Zerlegungsgraphen* darstellen.

Für eine Menge $S = \{1, 2, 3\}$ mit drei Elementen ist der zugehörige Zerlegungsgraph in Abb. 5–48 dargestellt.

$S = \{1, 2, 3\}$
$p_1 = \{\overline{1}, \overline{23}\}$
$p_2 = \{\overline{2}, \overline{13}\}$
$p_3 = \{\overline{3}, \overline{12}\}$
$p(1) = \{\overline{123}\}$
$p(0) = \{\overline{1}, \overline{2}, \overline{3}\}$

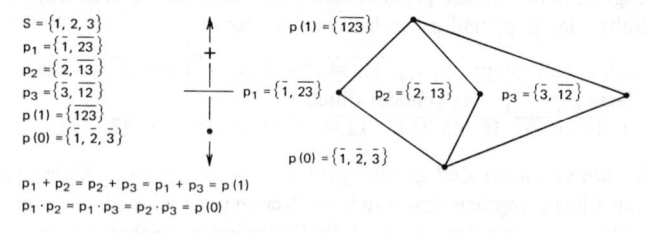

$p_1 + p_2 = p_2 + p_3 = p_1 + p_3 = p(1)$
$p_1 \cdot p_2 = p_1 \cdot p_3 = p_2 \cdot p_3 = p(0)$

Abb. 5–48 Zerlegungsgraph für $S = \{1, 2, 3\}$

5.2.2 Zerlegungen und endliche Automaten

Die im vorhergehenden Abschnitt dargestellten mathematischen Begriffsbildungen werden mit endlichen Automaten in Verbindung gebracht durch zusätzliche Forderungen an die Zerlegungen der Zustandsmenge. In diesem Abschnitt werden spezielle Zerlegungen beschrieben, die die sogenannte Substitutionseigenschaft besitzen. Es wird ein Verfahren dargestellt zur Bestimmung aller Zerlegungen dieser Art für einen gegebenen, vollständig definierten, endlichen Automaten. Die Grundlagen für eine Zerlegung eines Automaten in Teilautomaten werden beschrieben.

1. *Zerlegungen mit Substitutionseigenschaft:*

Aus der Gesamtheit aller Zerlegungen einer Zustandsmenge sind diejenigen von Interesse, die die sogenannte *Substitutionseigenschaft* besitzen. Eine Zerlegung $p = \{B_1, B_2, \ldots B_k\}$ der Zustandsmenge S eines endlichen Automaten A hat die Substitutionseigenschaft (S.E.) in Bezug auf A, falls für zwei beliebige Zustände s_i und s_j eines Blockes B_i, die nächsten Zustände s_i' und s_j' für beliebige Eingabezeichen wiederum in einem gemeinsamen Block B_i' der Zerlegung p liegen.

Aus dieser Definition folgt, daß jedes Eingabezeichen eine Abbildung der Blöcke der Zerlegung $p = \{B_1, B_2, \ldots B_k\}$ in sich hervorruft. Die Blöcke in ihrer Gesamtheit können daher als die Zu-

5.2 Zustandskodierung mit reduzierter Abhängigkeit

stände eines Teilautomaten verstanden werden, dessen Zustandsfunktion durch die Abbildung Xxp → p bestimmt ist.

Für den Automaten A der durch die Zustandstabelle in Abb. 5–49 gegeben ist, haben beispielsweise die Zerlegungen $p_1 = \{A_1, A_2\} = \{\overline{16}, \overline{2345}\}$, $p_2 = \{B_1, B_2\} = \{\overline{1236}, \overline{45}\}$ und $p_3 = \{C_1, C_2, C_3, C_4\} = \{\overline{1}, \overline{25}, \overline{34}, \overline{6}\}$ diese Eigenschaft.

Für die Bestimmung der nächsten Zustände gilt:

$p_1 = \{\overline{16}, \overline{2345}\} = \{A_1, A_2\}$				$p_2 = \{\overline{1236}\ \overline{45}\} = \{B_1, B_2\}$			
x = 0	54 5432	A_2	A_2	x = 0	5544 32	B_2	B_1
x = 1	22 6161	A_2	A_1	x = 1	2612 16	B_1	B_1

$p_3 = \{\overline{1}, \overline{25}, \overline{34}, \overline{6}\} = \{C_1, C_2, C_3, C_4\}$					
x = 0	5 52 43 4	C_2	C_2	C_3	C_3
x = 1	2 66 11 2	C_2	C_4	C_1	C_1

Die durch die Zerlegungen p_1, p_2, p_3 bestimmten Teilautomaten $A(p_1)$, $A(p_2)$, $A(p_3)$ zeigt Abb. 5–49.

s^t	x = 0	x = 1	$A(p_1)$	x = 0	x = 1	$A(p_2)$	x = 0	x = 1	$A(p_3)$	x = 0	x = 1
1	5	2	A_1	A_2	A_2	B_1	B_2	B_1	C_1	C_2	C_2
2	5	6	A_2	A_2	A_1	B_2	B_1	B_1	C_2	C_2	C_4
3	4	1							C_3	C_3	C_1
4	3	1							C_4	C_3	C_1
5	2	6									
6	4	2									

Automat A

Abb. 5–49 Automat A und Teilautomaten für die Zerlegungen p_1, p_2, p_3

2. Bestimmung von Zerlegungen mit Substitutionseigenschaft

Um alle Zerlegungen mit S.E. für einen gegebenen vollständig definierten Automaten A zu finden, ist zu beachten, daß die eingeführten Operationen der Summe und des Produktes zweier Zerlegungen zur Bildung weiterer Zerlegungen verwendet werden können.

Besitzen die Zerlegungen p_1, p_2 außerdem die Substitutionseigenschaft, so gilt dies auch für die neu gebildeten Zerlegungen $p = p_1 \cdot p_2$ und $q = p_1 + p_2$. Die Substitutionseigenschaft bleibt

bei Anwendung der Operation des Produktes und der Summe
zweier Zerlegungen erhalten. Für die Zerlegungen p_1, p_2, p_3 gilt
beispielsweise:

$$p = p_1 \cdot p_2 = \{\overline{16} \cdot \overline{1236}, \overline{16} \cdot \overline{45}, \overline{2345} \cdot \overline{1236}, \overline{2345} \cdot \overline{45}\} =$$
$$= \{\overline{16}, \overline{23}, \overline{45}\} = p_4$$
$$q = p_3 + p_4 = \{\overline{1} + \overline{16} + \overline{6}, \overline{25} + \overline{23} + \overline{45} + \overline{34}\} =$$
$$= \{\overline{16}, \overline{2345}\} = p_1$$

Die Anwendung des Produktes auf die Zerlegungen p_1, p_2 gibt eine
weitere Zerlegung mit S.E. die als p_4 bezeichnet wurde. Die Anwendung der Operation der Summe auf p_3 und p_4 ergibt die Zerlegung
p_1.

Ein weiteres Verfahren zur Bestimmung von Zerlegungen mit S.E.
für einen gegebenen Automaten A geht von der Untersuchung
beliebiger Zustandspaare s_i, s_j aus und ist durch folgende Schritte
bestimmt:

Schritt 1: Zwei beliebige Zustände s_i und s_j der Zustandsmenge
S eines vollständig definierten Automaten werden als in einem
Block $B = \overline{s_i s_j}$ befindlich angenommen.

Schritt 2: Für die Zustände $s_i s_j$ werden alle Eingabezeichen die
nächsten Zustände $s_i' s_j'$ bestimmt, die wiederum als in einem
Block $B' = \overline{s_i' s_j'}$ befindlich betrachtet werden.

Schritt 3: Da die Zerlegung mit S.E. als eine Äquivalenzrelation
betrachtet werden kann, muß das transitive Gesetz gelten. Liegen
die Zustände $s_i s_j$ in einem Block $B_1 = \overline{s_i s_j}$ und die Zustände
$s_i s_k$ in einem Block $B_2 = \overline{s_i s_k}$, so müssen auch die Zustände
$s_j s_k$ in einem Block $B_3 = \overline{s_j s_k}$ liegen, das ist aber nur möglich,
falls die Zustände $s_i s_j s_k$ in einem Block $B = \overline{s_i s_j s_k}$ liegen, der
die Vereinigungsmenge der Blöcke B_1, B_2, B_3 darstellt.

Schritt 4: Durch die Schritte 2 und 3 werden zu den im gewählten Anfangsblock $B = \overline{s_i s_j}$ weitere Zustände hinzugefügt. Für
alle neu induzierten Zustände werden die Schritte 2 bzw. 3
wiederholt, bis schließlich alle Zustände in einem der Blöcke
verteilt sind.

5.2 Zustandskodierung mit reduzierter Abhängigkeit

Die Kombination dieser beiden Verfahren:

1. Die Bestimmung aller Zerlegungen mit S.E., die sich aus der Untersuchung aller Zustandspaare $s_i s_j$ ergeben.

2. Die Anwendung der Operationen der Summe und des Produktes auf die durch die Identifizierung der Zustandspaare gewonnenen Zerlegungen

ergibt schließlich alle Zerlegungen mit S.E. für einen gegebenen vollständig definierten Automaten.

3. *Beispiel:*

Die Anwendung dieses Verfahrens auf den Automaten A ergibt beispielsweise für das Zustandspaar $s_1 s_2$ die folgenden Schritte

Schritt 1:		$B_1 = \overline{12}$	
Schritt 2:		$B_1 = \overline{12}$	
	$x = 0$	55	
	$x = 1$	26	
Schritt 3:		$B_1 = \overline{126}$	$B_2 = \overline{5}$
Schritt 2:		$B_1 = \overline{126}$	$B_2 = \overline{5}$
	$x = 0$	554	2
	$x = 1$	262	6
Schritt 3:		$B_1 = \overline{126}$	$B_2 = \overline{54}$
Schritt 2:		$B_1 = \overline{126}$	$B_2 = \overline{54}$
	$x = 0$	554	23
	$x = 1$	262	61
Schritt 3:		$B_1 = \overline{1263}$	$B_2 = \overline{54}$
	$x = 0$	5544	23
	$x = 1$	2621	61

Das Zustandspaar $B_1 = \overline{12}$ führt zu der nicht trivialen Zerlegung $p = \{\overline{1263}, \overline{54}\}$, die die Substitutionseigenschaft besitzt.

Die Anwendung dieses Verfahrens auf alle möglichen Zustandspaare $s_i s_j$ ergibt die folgenden nichttrivialen Zerlegungen mit S.E.

$$p_1 = \{\overline{16}, \overline{2345}\}$$
$$p_2 = \{\overline{1236}, \overline{45}\}$$
$$p_4 = \{\overline{16}, \overline{23}, \overline{45}$$
$$p_5 = \{\overline{1}, \overline{2}, \overline{5}, \overline{6}, \overline{34}\}$$
$$p_6 = \{\overline{1}, \overline{3}, \overline{4}, \overline{6}, \overline{25}\}$$

Eine weitere Zerlegung mit S.E. ergibt sich aus der Anwendung der Operation der Summe: $p_3 = p_5 + p_6 = \{\overline{1}, \overline{25}, \overline{34}, \overline{6}\}$.

Die so ermittelten Zerlegungen mit S.E. in Verbindung mit den trivialen Zerlegungen $p(0)$ und $p(1)$ lassen sich unter Verwendung der eingeführten Ordnungsrelation und der Operationen des Produktes und der Summe von Zerlegungen anschaulich in einem Graphen darstellen, wie in Abb. 5–50 gezeigt ist.

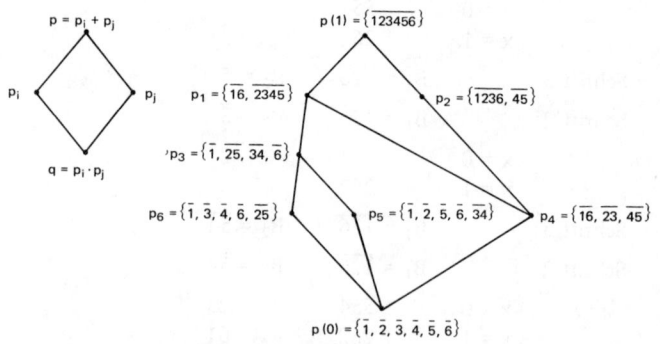

Abb. 5–50 Strukturdiagramm der Zerlegungen des Automaten A

4. Zerlegung in Teilautomaten:

Der Zerlegungsgraph eines Automaten zeigt alle Zerlegungen mit S.E., die für den gegebenen Automaten existieren. Eine Zerlegung mit S.E. bestimmt jedoch einen Teilautomaten A(p), der durch die Blöcke der Zerlegung bestimmt ist. Wird nun eine weitere Zerlegung

5.2 Zustandskodierung mit reduzierter Abhängigkeit

$t = \{b_1, \ldots b_n\}$ der Zustandsmenge definiert, so daß das Produkt der Zerlegungen p und t die triviale Zerlegung p(0) ergibt, $p \cdot t = p(0)$, so ist jeder Zustand s der Zustandsmenge eindeutig bestimmt durch die Angabe, welchem der Blöcke der Zerlegungen p und t der Zustand angehört, $s = (B, b)$.

Befindet sich der Automat im gegenwärtigen Zustand s, der durch die Blöcke (B_i, b_j) der Zerlegungen p und t bestimmt ist, so muß für ein beliebiges Eingabezeichen x der nächste Zustand s' eindeutig bestimmt sein durch die Kenntnis der Blöcke (B_i', b_j').

Die Bestimmung des Blockes B_i' ist jedoch nur abhängig vom Block B_i und dem Eingabezeichen x, da die Zerlegung p die S.E.-Eigenschaft besitzt. Die Bestimmung des Blockes b_j' ist jedoch abhängig von der Kenntnis des Blockes B_i, des Blockes b_j und von dem Eingabezeichen x, da die Zerlegung t die Substitutionseigenschaft nicht besitzt.

Diese Abhängigkeit kann als eine Zerlegung des Automaten A in zwei in Serie geschalteten Teilautomaten A(p) und A(t) verstanden werden [vgl. 18, 21, 43]. Während für den Teilautomaten A(p) zur Bestimmung des nächsten Blockes die Kenntnis des Eingabezeichens x und des gegenwärtigen Blockes B genügt, ist für den Teilautomaten A(t) zusätzlich zur Kenntnis des Eingabezeichens x und des gegenwärtigen Blockes b, die Kenntnis der Zustandsinformation aus dem vorgeschalteten Teilautomaten A(p) erforderlich. Eine Darstellung dieser Beziehung zeigt Abb. 5–51.

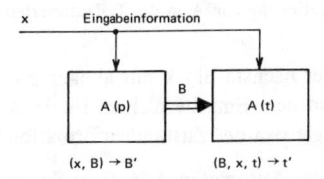

Abb. 5–51 Serienzerlegung eines Automaten A

Für den Automaten A erfüllen beispielsweise die Zerlegungen $p_2 = \{\overline{1236}, \overline{45}\}$ und die Zerlegung $t = \{\overline{14}, \overline{25}, \overline{3}, \overline{6}\}$ die Forderung, daß das Produkt dieser Zerlegungen die triviale Zerlegung p(0) ergibt. Die Zerlegungen p_2 und t gestatten daher eine eindeutige Identifizierung der jeweiligen gegenwärtigen und nächsten Zustände.

Bezeichnen wir die Blöcke der Zerlegung p_2 mit A = $\overline{1236}$ und B = $\overline{45}$ sowie die Blöcke der Zerlegung t mit a = $\overline{14}$, b = $\overline{25}$, c = $\overline{3}$, d = $\overline{6}$, so ist jedem Zustand durch die Kombination zweier Blöcke jeweils aus $p_2 = \{A, B\}$ und $t = \{a, b, c, d\}$ bestimmt. Eine Einführung dieser Darstellung in die Zustandstabelle zeigt Abb. 5–52.

	s^t	x = 0	x = 1
1	A a	B b	A b
2	A b	B b	A d
3	A c	B a	A a
4	B a	A c	A a
5	B b	A b	A d
6	A d	B a	A a

Abb. 5–52 Zustandstabelle in Blockkodierung

Aus dieser Darstellung ergibt sich die Zerlegung des Automaten A in die Teilautomaten $A_1 = A(p_2)$ und $A_2 = A(t)$, deren Zustandstabellen Abb. 5–53 zeigt.

$A_1 = A(p_2)$	s^t	x = 0	x = 1		$A_2 = A(t)$	s^t	A		B	
							x = 0	x = 1	x = 0	x = 1
	A	B	A			a	b	b	c	a
	B	A	A			b	b	d	b	d
						c	a	a	–	–
						d	a	a	–	–

Abb. 5–53 Zerlegung von A in die Teilautomaten A_1 und A_2

Während für A_1 der nächste Block nur abhängig ist vom gegenwärtigen Block und dem Eingabezeichen, ist für A_2 der nächste Block auch abhängig von der Zustandsinformation aus A_1.

Alle Zerlegungen des Automaten A in einer Seriendarstellung sind aus der Kenntnis des Zerlegungsgraphen ableitbar. Jede Zerlegung mit S.E. und eine beliebige Zerlegung t, für die gilt $p \cdot t = p(0)$, gestatten die Bestimmung einer geeigneten Zustandskodierung in der angegebenen Weise.

5.2 Zustandskodierung mit reduzierter Abhängigkeit

Sind für den Automaten A zwei Zerlegungen p_1, p_2 bekannt, die die S.E. besitzen, so sind zwei Teilautomaten $A(p_1)$ und $A(p_2)$ bekannt, für die die Bestimmung des nächsten Blockes nur abhängig ist von der Kenntnis des gegenwärtigen Blockes und der Eingabeinformation. Erfüllen diese Zerlegungen zusätzlich die Bedingung, daß das Produkt $p_1 \cdot p_2$ die triviale Zerlegung $p(0)$ ergibt, so ist jeder Zustand des Automaten A eindeutig bestimmt durch die Blöcke der Zerlegungen p_1, p_2. Zur Bestimmung des nächsten Zustandes ist keine Weitergabe von Zustandsinformation zwischen den Teilautomaten $A(p_1)$ und $A(p_2)$ erforderlich.

Die beiden Teilautomaten $A(p_1)$ und $A(p_2)$ können als *parallel* arbeitende Teilautomaten aufgefaßt werden. Die Zerlegung eines Automaten A in zwei parallel arbeitende Teilautomaten ist daher als ein Sonderfall einer Serienzerlegung aufzufassen. Eine Prinzipdarstellung zeigt Abb. 5–54.

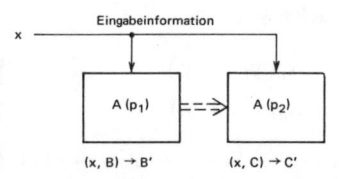

Abb. 5–54 Zerlegung eines Automaten in parallel arbeitende Teilautomaten

Betrachten wir als Beispiel die Zerlegungen $p_4 = \{A, B, C\} = \{\overline{16}, \overline{23}, \overline{45}\}$ und $p_3 = \{a, b, c, d\} = \{\overline{1}, \overline{6}, \overline{25}, \overline{34}\}$, so gilt $p_3 \cdot p_4 = p(0)$.

Abb. 5–55 zeigt die Darstellung der Zustandsfunktion und die sich ergebenden Teilautomaten $A(p_1)$ und $A(p_2)$.

s^t	x = 0	x = 1		$A(p_1)$	s^t	x = 0	x = 1		$A(p_2)$	s^t	x = 0	x = 1
1 A a	C c	B c			A	C	B			a	c	c
2 B c	C c	A b			B	C	A			b	d	c
3 B d	C d	A a			C	B	A			c	c	b
4 C d	B d	A a								d	d	a
5 C c	B c	A b										
6 A b	C d	B c										

Abb. 5–55 Beispiel einer Zerlegung in parallel arbeitende Teilautomaten

5.2.3 Anwendung auf Schaltwerke

Die in den vorhergehenden Abschnitten eingeführten Begriffsbildungen der Zerlegung mit S.E. und die daraus folgende Darstellung eines Automaten durch eine Verknüpfung von Teilautomaten sind unmittelbar auf das Problem der Zustandskodierung anwendbar.

Der Zusammenhang wird hergestellt durch den Nachweis, daß jede Zerlegung mit S.E. der Zustandsmenge eines Automaten eine Zustandskodierung mit *reduzierter* Abhängigkeit entspricht und umgekehrt.

Satz 1: A sei ein vollständig definierter endlicher Automat mit n internen Zuständen, die durch k binäre Variable $y_1, \ldots y_k$ codiert sind ($n \leq 2^k$). Falls die ersten r-Gleichungen zur Bestimmung des nächsten Zustandes $y'_1 \ldots y'_r$ mit $1 \leq r < k$ nur abhängig sind von den Eingabevariablen x und den ersten r-internen Variablen $y_1 \ldots y_r$

$$\left. \begin{array}{l} y'_1 = y'_1(x_1 \ldots x_n, y_1 \ldots y_r) \\ y'_r = y'_r(x_1 \ldots x_n, y_1 \ldots y_r) \end{array} \right\} \text{r-Gleichungen}$$

$$\left. \begin{array}{l} y'_{r+1} = y'_{r+1}(x_1 \ldots x_n, y_1 \ldots y_r, y_{r+1} \ldots y_k) \\ y'_k = y'_k(x_1 \ldots x_n, y_1 \ldots y_r, y_{r+1} \ldots y_k) \end{array} \right\} \text{k-r-Gleichungen}$$

dann gibt es eine Zerlegung p mit S.E. für A, in der zwei Zustände s_i und s_j dann und nur dann im gleichen Block liegen, falls die $y_1 \ldots y_r$-Werte der Codierung für s_i und s_j identisch sind.

Beweis:

1. Es wird angenommen, daß die Codierung der Zustände eindeutig ist, d.h. jeder Zustand s_i hat eine Codierung $y_{i_1} \ldots y_{i_k}$.

2. Die Zusammenfassung aller Zustände, die in den ersten r-Variablen identische Werte haben, ergibt eine Zerlegung der Zustandsmenge in 2^r-Blöcke. Jeder Block hat 2^{k-r}-Elemente. Jeder Zustand liegt in genau einem Block.

3. Nachweis, daß diese Zerlegung die S.E. hat:
Zwei beliebige Zustände s_i und s_j, die im gleichen Block liegen,

5.2 Zustandskodierung mit reduzierter Abhängigkeit

haben identische Werte in den Variablen $y_1 \ldots y_r$. Die Variablen $y'_1 \ldots y'_r$ der nächsten Zustände s'_i und s'_j sind bestimmt durch die Eingabezeichen $x_1 \ldots x_n$ und die Zustandsvariablen $y_1 \ldots y_r$. Daher sind aber für s'_i und s'_j auch die ersten r-Variablen $y'_1 \ldots y'_r$ identisch, d.h. sie liegen in einem Block, p hat die S.E. in bezug auf A.

Auf Grund dieses Zusammenhanges wird die Kodierung einer Zustandsmenge in zwei Schritten durchgeführt. Zunächst erfolgt die Kodierung der Blöcke, daran schließt sich an die Kodierung der Elemente innerhalb der Blöcke. In Bezug auf die erforderliche Zahl der binären Variablen für eine Zustandskodierung, wie sie in Satz 1 definiert ist, folgt unmittelbar

Satz 2: A sei ein vollständig definierter Automat A mit n Zuständen, p eine nicht-triviale Zerlegung der Zustandsmenge mit S.E. in bezug auf A. Falls n(p) die Zahl der Blöcke von p ist und m(p) die größte Zahl von Zuständen in irgendeinem Block von p, dann ist die Mindestzahl der binären Variablen, die notwendig ist zur Identifizierung des nächsten Blockes und des Zustandes gegeben durch:

$$k_{min} = [\log_2 n(p)] + [\log_2 m(p)]$$

$k = [\log x]$ nächstgelegene ganze Zahl k, so daß $2^{k-1} < x \leqslant 2^k$.

Eine Anwendung dieses Verfahrens auf den Automaten aus Abb. 5–41 unter Verwendung der Zerlegungen $p_2 = \{A, B\} = \{\overline{1236}, \overline{45}\}$ und $t = \{a, b, c, d\} = \{\overline{14}, \overline{25}, \overline{3}, \overline{6}\}$ zeigt Abb. 5–56.

			s^t	y_1	y_2	y_3
$p_2 = A = \{\overline{1236}, B = \overline{45}\}$			1	0	0	0
$y_1 = 0$	$y_1 = 1$		2	0	0	1
			3	0	1	1
			4	1	0	0
$t = \{a = \overline{14}, b = \overline{25}, c = \overline{3}, d = \overline{6}\}$			5	1	0	1
$y_2 y_3$ 00 01 11 10			6	0	1	0

Abb. 5–56 Zustandskodierung für A

Die Blöcke der Zerlegung $p_2 = \{A, B\}$ werden durch die binäre Variable y_1, die Blöcke der Zerlegung $t = \{a, b, c, d\}$ durch die binären Variablen y_2, y_3 dargestellt.

Die Anwendung dieser Kodierung auf die Zustandsfunktion ergibt schließlich

$$y_1' = \bar{x} \cdot \bar{y}_1 = f_1(x, y_1)$$
$$y_2' = x \cdot \bar{y}_3 \cdot y_3 + \bar{x} \cdot y_1 \cdot \bar{y}_3 = f_2(x, y_1, y_2, y_3)$$
$$y_3' = x \cdot \bar{y}_1 \cdot \bar{y}_3 + \bar{x} \cdot \bar{y}_2 = f_3(x, y_1, y_2, y_3)$$

Für die Variable y_1' existiert eine reduzierte Abhängigkeit, sie ist lediglich abhängig von den unabhängigen Variablen x, y_1 während die Variablen y_2', y_3' von allen unabhängigen Variablen x, y_1, y_2, y_3 abhängig sind.

5.2.4 Beispiel einer Zerlegung eines Automaten

In den Abschnitten 3.3.4 und 4.3 wurde der Entwurf eines Prüfbitgenerators beschrieben. Die Aufgabe bestand darin, eine Prüfvorrichtung für die Serienverarbeitung binär kodierter Zeichen zu entwerfen, die in den vier aufeinanderfolgenden Zeiten t_1, t_2, t_3, t_4 in einen Automaten eingegeben werden. Nach Eingabe der vier Bitpositionen gibt der Automat zur Zeit t_4 ein Prüfbit aus. Das Prüfbit ist so gebildet, daß die Anzahl der „1" für die Gesamtkombination bestehend aus Zeichen und Prüfbit ungerade ist.

Für diese Aufgabenstellung ergab sich die in Abb. 5–57 gezeigte Zustands- und Ausgabefunktion.

	s^{t+1}		z^t	
s^t	$x=0$	$x=1$	$x=0$	$x=1$
a	b	c	–	–
b	d	e	–	–
c	e	d	–	–
d	f	g	–	–
e	g	f	–	–
f	a	a	1	0
g	a	a	0	1

Abb. 5–57 Zustands- und Ausgabefunktion für Prüfbitgenerator

5.2 Zustandskodierung mit reduzierter Abhängigkeit

Die Anwendung des oben dargestellten Verfahrens zur Bestimmung des zugehörigen Zerlegungsgraphen ergibt den in Abb. 5–58 dargestellten Graph.

$p(1) = \{\overline{abcdefg}\}$

$p_1 = \{\overline{ade}, \overline{bcfg}\}$

$p_2 = \{\overline{a}, \overline{bc}, \overline{de}, \overline{fg}\}$

$p_3 = \{\overline{a}, \overline{b}, \overline{c}, \overline{de}, \overline{fg}\}$

$p_4 = \{\overline{a}, \overline{b}, \overline{c}, \overline{d}, \overline{e}, \overline{fg}\}$

$p(0) = \{\overline{a}, \overline{b}, \overline{c}, \overline{d}, \overline{e}, \overline{f}, \overline{g}\}$

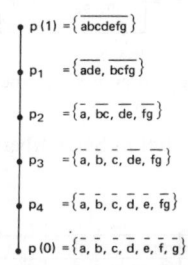

Abb. 5–58 Zerlegungsgraph für Prüfbitgenerator

Aus der Struktur dieses Zerlegungsgraphen ist ersichtlich, daß keine Zerlegung in parallel arbeitende Teilautomaten möglich ist.

Die Zerlegung $p_2 = \{\overline{a}, \overline{bc}, \overline{de}, \overline{fg}\}$ ermöglicht eine Zerlegung des Automaten in zwei in Serie arbeitenden Teilautomaten durch die Bestimmung einer beliebigen Zerlegung t derart, daß $p_2 \cdot t = 0$ gilt. Beispielsweise erfüllt die Zerlegung $t = \{\overline{abef}, \overline{cdg}\}$ die Bedingung, daß $p_2 \cdot t = (\overline{a}, \overline{bc}, \overline{de}, \overline{fg}) \cdot (\overline{abef}, \overline{cdg}) = 0 = (\overline{a}, \overline{b}, \overline{c}, \overline{d}, \overline{e}, \overline{f}, \overline{g}) =$
$= p(0)$ erfüllt ist. Sie ergibt die in Abschnitt 4.3 dargestellte Zerlegung. Sie wurde interpretiert als Kombination zweier Zählanordnungen. Die Zerlegung p_2 bestimmt einen Zähler zur Zählung der Zeitelemente $t_1, \ldots t_4$. Während die Zerlegung t einen binären Zähler bestimmt, der die gerade oder ungerade Anzahl der „1" in der zu prüfenden Tetrade feststellt.

Aus dem Zerlegungsgraph ist weiter ersichtlich, daß die Zerlegung $p_1 = \{\overline{ade}, \overline{bcfg}\}$ ebenfalls zur Darstellung einer in Serie arbeitenden Anordnung von Teilautomaten verwendet werden kann. Beispielsweise ergeben die Zerlegungen $s = \{\overline{abc}, \overline{fgde}\}$ und $t = \{\overline{abef}, \overline{cdg}\}$,
$p_1 \cdot s = \{\overline{ade}, \overline{bcfg}\} \cdot \{\overline{abc}, \overline{fged}\} = \{\overline{a}, \overline{bc}, \overline{de}, \overline{fg}\} = p_2 \cdot t = p(0)$, so daß gilt $p_1 \cdot s \cdot t = p(0)$.

Die Zerlegungen p_1, s, t bestimmen eine Anordnung, die sich aus drei in Serie geschalteten Teilautomaten aufbaut (Abb. 5–59).

5. Binäre Darstellung endlicher Automaten

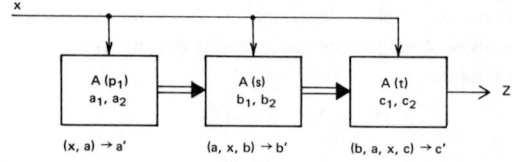

Abb. 5–59 Zerlegung in drei in Serie arbeitenden Teilautomaten

Eine Darstellung durch drei in Serie arbeitenden Schaltwerke zeigt Abb. 5–60.

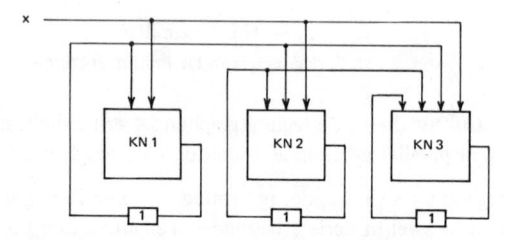

Abb. 5–60 Zerlegung in Teilschaltwerke

Durch die Wahl einer Zustandskodierung für die drei Zustandsmengen $A = (a_1, a_2)$, $B = (b_1, b_2)$ und $C = (c_1, c_2)$ sind die drei Zustandsfunktionen $y'_1 = y'_1(x, y_1)$, $y'_2 = y'_2(x, y_1, y_2)$ und $y'_3 = y'_3(x, y_1, y_2, y_3)$ zu bestimmen.

5.2.5 Aufgaben zu Abschnitt 5.2

A 5/7: Bestimme für den durch die Zustandstabelle gegebenen Automaten A1 eine Zerlegung in drei in Serie geschaltete Teilautomaten.

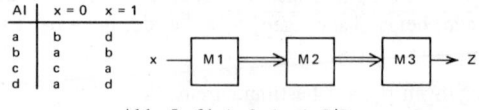

A1	x = 0	x = 1
a	b	d
b	a	b
c	c	a
d	a	d

Abb. 5–61 Aufgabe A 5/7

5.2 Zustandskodierung mit reduzierter Abhängigkeit

A 5/8: Gegeben sind die Automaten A2 und A3. Bestimme eine Zerlegung dieser Automaten in parallel arbeitende Teilautomaten. Wähle eine Zustandskodierung und bestimme die zugehörigen Zustands- und Ausgabefunktionen.

A2	x = 0	x = 1	x = 0	x = 1	A3	x = 0	x = 1	x = 0	x = 1
a	b	c	0	0	a	b	a	0	0
b	c	d	0	1	b	c	d	0	0
c	d	e	1	1	c	b	c	1	0
d	e	f	0	1	d	e	f	0	0
e	f	a	1	0	e	f	c	0	0
f	a	b	1	1	f	e	d	0	1

A 5/9: Die Zustandsfunktion des Automaten A4 kann dargestellt werden durch zwei binäre Variable y_1, y_2. Es ist ein Automat M gesucht derart, daß das Verhalten einer Kombination von A4 und M in der in Abb. 5.62 gezeigten Anordnung äquivalent ist zum Verhalten des Automaten A5. Beachte, daß nur die Zustandsvariable y_1 als Eingabe in M zur Verfügung steht.

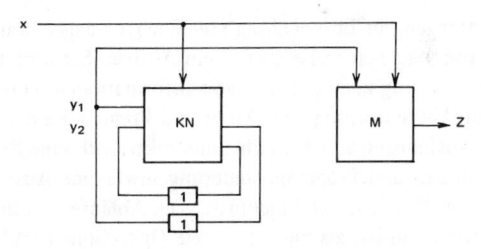

A4	x = 0	x = 1	x = 0	x = 1	M	x = 0	x = 1	x = 0	x = 1
a	b	c	0	0	p	q	t	0	1
b	a	b	0	1	q	p	q	1	0
c	d	d	1	0	s	t	q	0	1
d	c	b	0	1	t	s	r	1	0

Abb. 5-62 Anordnung Aufgabe A 5/9

A 5/10: Bestimme eine Serienzerlegung des Automaten A6, wobei der abhängige Teilautomat durch A7 vorgegeben ist.

						$v_1 v_2$			
A6	x = 0	x = 1	x = 0	x = 1	A7	00	01	10	11
a	c	b	0	0	f	f, 0	g, 0	f, 1	h, 0
b	b	a	0	0	g	g, 0	g, 0	g, 0	h, 0
c	a	d	0	0	h	f, 0	–	–	g, 0

Abb. 5–63

6. Beschreibung komplexer Einheiten

Die Beschreibung komplexer Systeme erfordert Darstellungen auf den verschiedensten Ebenen, ausgehend von einer globalen Darstellung des Gesamtsystems bis hin zu einer detaillierten binären Beschreibung aller Operationsabläufe. Ziel dieses Kapitels ist es, eine Übersicht über diese Problemstellung zu geben und die bisher dargestellten Grundbegriffe, Modelle und Methoden auf diese Aufgabenstellungen anzuwenden.

6.0 Zur Definition der Aufgabenstellung

In den Anfängen der Entwicklung von Rechenanlagen war ihre Struktur von vergleichsweise einfachem Aufbau. Sie umfaßte eine Eingabevorrichtung zum Einlesen von Informationen, eine Speichereinheit zur Abspeicherung von Daten und Programmen, ein Rechenwerk zur Ausführung von Maschineninstruktionen, eine Steuereinheit zur Ablauf- und Programmsteuerung sowie eine Ausgabevorrichtung zum Drucken der Ergebnisse. Die Abläufe innerhalb dieser Konfiguration wurden als binär kodierte Operationen im Maschinenkode beschrieben.

Während der vergangenen zwei Jahrzehnte entstanden jedoch aus dieser einfachen Grundkonfiguration Rechnersysteme von außerordentlich komplexer Struktur. Der technologische Fortschritt

6.0 Zur Definition der Aufgabenstellung

ermöglichte die Verwendung einer immer größeren Zahl von logischen Bauelementen und die Verfügung über immer größere und schnellere Speicher. Parallel dazu führte die symbolische Darstellung der Maschineninstruktionen zur Entwicklung von Maschinensprachen. Die Einführung höherer Programmiersprachen schließlich ermöglichte eine weitgehend maschinenunabhängige Programmierung.

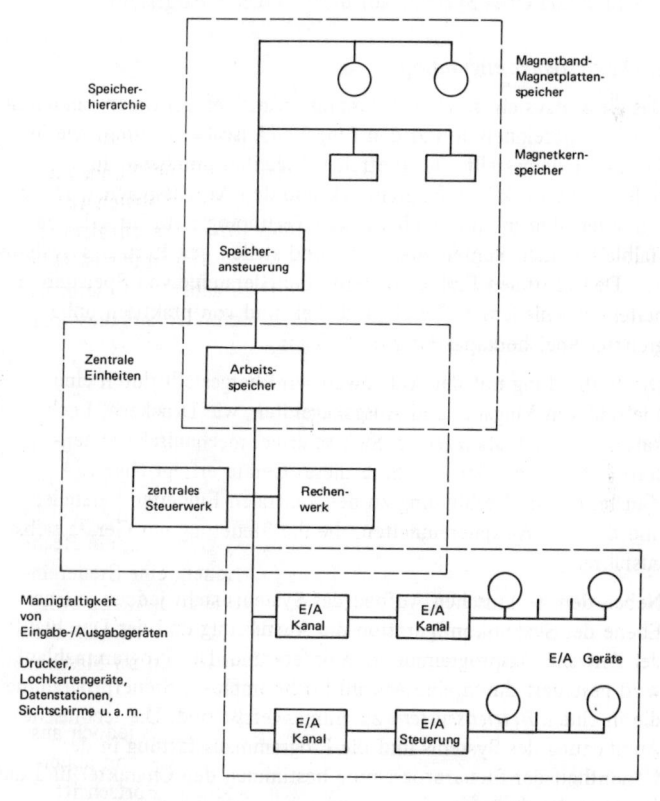

Abb. 6–1 Struktur eines Datenverarbeitungssystems

6. Beschreibung komplexer Einheiten

Um dieser Entwicklung gerecht zu werden, muß ein Rechnersystem auf drei verschiedenen Ebenen betrachtet werden:

1. auf der Ebene der Systemkonfiguration,
2. auf der Ebene der Maschinenkonfiguration,
3. auf der Ebene der Registerkonfiguration.

Im folgenden werden einige grundsätzliche Gesichtspunkte zur Beschreibung eines Systems auf diesen Ebenen dargestellt.

1. *Die Systemkonfiguration:*

Das Gesamtsystem setzt sich zusammen aus den zentralen Einheiten, den Speichereinheiten und den Eingabe-/Ausgabeeinheiten, wie in Abb. 6—1 dargestellt. Die zentralen Einheiten umfassen ein zentrales Steuerwerk, das Rechenwerk und den Arbeitsspeicher. Diese Einheiten sind in einer einheitlichen Technologie aus integrierten Halbleiterbauelementen ausgeführt und stellen den Kern des Systems dar. Den zentralen Einheiten steht eine Hierarchie von Speichereinheiten verschiedenster Geschwindigkeit und von praktisch unbegrenzter Speicherkapazität zur Verfügung.

Die Verbindung mit der Außenwelt wird hergestellt durch eine Vielzahl von Eingabe- und Ausgabegeräten, wie Druckern, Lochkartenlese- und -stanzgeräte, Sichtschirme, mechanische Datenstationen u. a. m. Der Anschluß dieser Geräte erfolgt über E/A-Kanäle, die die Verbindung zu den zentralen Einheiten herstellen, und durch E/A-Steuereinheiten, die die Steuerung der Geräte selbst ausführen.

Neben dem technischen Aufbau des Systems steht jedoch auf der Ebene der Systemkonfiguration die Ausführung und der Durchlauf der Anwendungsprogramme im Vordergrund. Der Programmablauf wird gesteuert durch eine Anzahl hochkomplexer Steuerprogramme, die in einem *Betriebssystem* zusammengefaßt sind. Die technische Ausstattung des Systems und die Programmausstattung in der Gesamtheit der Steuerprogramme bestimmen den Charakter und die Leistung des Systems.

2. *Die Maschinenkonfiguration:*

Auf der Ebene der Systemkonfiguration wird das System vorwiegend aus der Sicht des Benutzers dargestellt. Der technische Aufbau des Systems und Einzelheiten seiner Programmausstattung werden nur soweit beschrieben, als sie für den Anwender wichtig sind. Die Benutzung des Betriebssystems und Fragen der Programmierung, meist in Verbindung mit der Verwendung höherer Programmiersprachen, stehen im Vordergrund.

Auf der Ebene der Maschinenkonfiguration hingegen werden alle diejenigen Einzelheiten dargestellt, die durch die Verwendung einer Maschinensprache bedingt sind, beispielsweise die Auswahl der Instruktions- und Datenformate, die Methodik der Speicheradressierung, die Steuerung der Eingabe-/Ausgabeoperationen, Festlegungen für Systemunterbrechungen und Fehleranzeigen u. a. m. Bei dieser Beschreibung der Maschinenkonfiguration steht die *funktionale* Darstellung der Abläufe im Vordergrund. Alle Operationen werden in ihrem algorithmischen Ablauf festgelegt, nicht jedoch in welcher Weise und mit welchen Mitteln sie realisiert werden.

3. *Die Register- oder Grundkonfiguration:*

Auf der Grundlage der Festlegungen zur Maschinenkonfiguration werden in einem nächsten Schritt die technischen Mittel und Konzeptionen zur Realisierung dieser Funktionsabläufe bestimmt. Sie betreffen im wesentlichen die Definition einer Registerkonfiguration, die allen Abläufen zugrundegelegt wird.

Die Festlegungen zur Registerkonfiguration beschreiben die verfügbaren Register und Speicheranordnungen, vorwiegend innerhalb der zentralen Einheiten, die den Kern des Systems bilden. Die zugelassenen Datenwege werden definiert, die verfügbaren Verarbeitungseinheiten festgelegt und die Methodik der Ablaufsteuerung ausgewählt, beispielsweise unter Verwendung einer Mikroprogrammierungstechnik.

Zusätzlich zu dieser Unterscheidung zwischen System-, Maschinen- und Registerkonfiguration kann die Beschreibung eines Systems, wie bereits in Abschnitt 1.2 dargestellt, unterteilt werden in Beschreibungen des *Verhaltens,* der *Struktur* und der *operativen Abläufe.*

Die Begriffe Struktur, Verhalten und Operation sind jedoch relativ und abhängig von der zugrundegelegten Konfiguration. Sie können sowohl auf den Ebenen der System- und Maschinenkonfiguration, als auch auf der Ebene der Registerkonfiguration angewendet werden.

Allgemein kann gesagt werden, daß die Darstellung der Funktion einer Komponente auf allen Ebenen als eine Beschreibung des *Verhaltens* angesehen werden kann. Sie wird in einer schrittweisen Auflistung der Abläufe dargestellt, meist unter Verwendung von Flußdiagrammen oder Programmen in einer algorithmischen Sprache. Diese Darstellung der Funktion einer Komponente ist weitgehend unabhängig von den Einzelheiten einer technischen Realisierung.

Die Beschreibung der *Struktur* einer Komponente erfordert die Festlegung der Einheiten und Baugruppen, aus denen sich diese Einheit zusammensetzt. Struktur und Verhalten beeinflussen sich jedoch gegenseitig. Die Festlegungen, welche Funktion eine Komponente innerhalb eines Operationsablaufes auszuführen hat, sind auch davon abhängig, aus welchen Baugruppen sich diese Einheit zusammensetzt. Beispielsweise wird die Auswahl eines Multiplikationsverfahrens in einem Rechenwerk davon abhängig sein, welche Möglichkeiten zur Zwischenspeicherung von Teilergebnissen bestehen.

Die Festlegungen zur Struktur und zur Bestimmung des Verhaltens werden daher im allgemeinen in einem *iterativen* Prozeß in gegenseitiger Abhängigkeit durchgeführt.

Die *operative* Beschreibung schließlich stellt eine detaillierte Darstellung der Operationsabläufe dar. Innerhalb der festgelegten Struktur wird ein vorgegebenes Verhalten realisiert.

Auf der Ebene der *Systemkonfiguration* bezieht sich eine operative Beschreibung auf die Ausführung der Anwenderprogramme. Die Einzelkomponenten sind die Benutzerprogramme. Die Operations-

6.0 Zur Definition der Aufgabenstellung

abläufe bei der Ausführung der Programme innerhalb des Gesamtsystems werden beschrieben. Dargestellt werden beispielsweise die Prioritätensteuerung von Programmen, die Behandlung von Warteschlangen, Methoden des Datenzugriffes, der Informationsfluß in Speicherhierarchien u. a. m.

Auf der Ebene der *Maschinenkonfiguration* ist eine operative Beschreibung bestimmt durch die Ausführung der Maschineninstruktionen. Innerhalb der festgelegten Maschinenkonfiguration werden die erforderlichen Verarbeitungs- und Transferoperationen, wie sie sich aus der Spezifikation der Instruktionsliste ergeben, dargestellt. Die Einzelkomponenten sind die Maschineninstruktionen und alle damit im Zusammenhang stehenden Festlegungen. Beschrieben wird der Programmablauf bei der Ausführung eines Maschinenprogrammes.

Auf der Ebene der *Registerkonfiguration* erfolgt die detaillierte Beschreibung der Operationsabläufe, die zur Ausführung der in der Instruktionsliste spezifizierten Abläufe erforderlich sind. Die Einzelkomponenten sind die verfügbaren Register, Speicherelemente, Schaltergruppen, Datenwege u. a. m. Beschrieben wird der Daten- und Informationsfluß innerhalb der Registerkonfiguration, meist in der Form von Mikroprogrammen, die zur Realisierung der Maschineninstruktionen und Maschinenfunktionen erforderlich sind.

Die im Rahmen dieses Bandes mögliche Darstellung muß sich im wesentlichen auf die Beschreibung der *Registerkonfiguration* beschränken. Die Registerkonfiguration stellt die elementarste Ebene in einem System dar. Sie wird durch eine letztlich binäre Beschreibung dargestellt, die die Voraussetzung für eine nachfolgende technische Realisierung bildet.

Es ist jedoch von grundlegender Bedeutung, daß innerhalb der Registerkonfiguration, die Verarbeitung von Information nach einem *einheitlichen* Prinzip erfolgt. Information wird gespeichert in Speicherelementen, Registern und Speichereinheiten. Die Verarbeitung der Information erfolgt durch das Auslesen aus den Speicherelementen, durch die Zuführung zu den Verarbeitungseinheiten und durch eine erneute Abspeicherung der Resultate. Die

6. Beschreibung komplexer Einheiten

eigentlichen Verarbeitungsvorgänge sind daher immer verknüpft mit dem *Transfer* von Information zwischen Registern. Die Verarbeitungseinheiten selbst bestehen aus einer Verknüpfung von Schaltgliedern in kombinatorischen Schaltnetzen und enthalten keine speichernden Elemente.

Eine Darstellung dieses grundlegenden Prinzipes der Informationsverarbeitung in einem Blockdiagramm zeigt Abb. 6–2, [vgl. 29; 30; 65; 66]. Die in einem Register Q gespeicherten Daten werden zur Zeit t in Abhängigkeit von Steuersignalen und Zeitsignalen aus dem Steuerwerk, über eine Schaltergruppe SQ an ein kombinatorisches Schaltnetz als Eingangssignale ausgegeben und verarbeitet. Das Resultat dieser Verarbeitungsvorgänge wird in dem Register P abgespeichert und steht zur folgenden Zeiteinheit t + 1 zur weiteren Verarbeitung zur Verfügung.

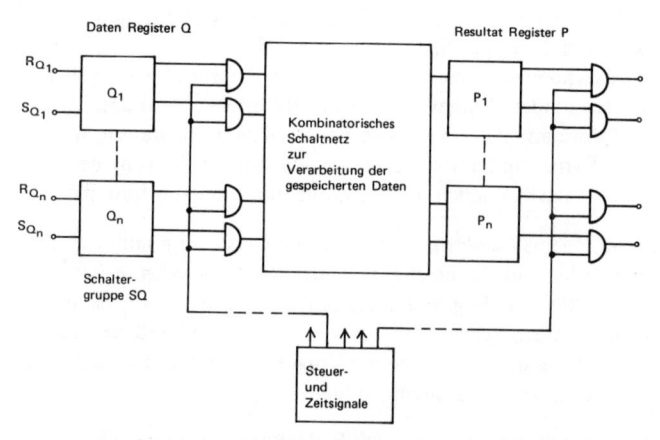

Abb. 6–2 Prinzip der Informationsverarbeitung

Über die Einsicht hinaus, daß letztlich alle Verarbeitungsvorgänge im Bereich der Registerkonfiguration auf dieses grundlegende Prinzip zurückgeführt werden, stellt die Beschreibung komplexer Abläufe zusätzliche Forderungen an die Form der Darstellung:

1. *Darstellung von Zeitintervallen:*

Das in der Beschreibung der Grundmodelle von Automaten und Schaltwerken verwendete Prinzip des „gegenwärtigen" und des „nächsten" Zustandes stellt das Zeitverhalten im Zeitintervall t und t + 1 dar. Wenn auch grundsätzlich das Verhalten in einem Zeitintervall von $t_0, t_1, \ldots t_n$ auf eine wiederholte Anwendung der Zeitbetrachtung vom *gegenwärtigen* auf das *nächste* Zeitelement zurückgeführt werden kann, so sind doch Darstellungsformen nötig, die letztlich auf eine algorithmische Darstellung hinführen.

2. *Darstellung durch Blockdiagramme:*

Eine Registerkonfiguration besteht aus einer Anordnung von Speicherelementen, Registern und Verarbeitungseinheiten. Neben einer formalen Auflistung dieser Anordnung ist eine Darstellung mit Verwendung von Blockdiagrammen wünschenswert. Sie ermöglicht eine anschauliche Beschreibung der Grundstruktur, der verfügbaren Komponenten und der möglichen Datenwege.

3. *Verwendung einer algorithmischen Darstellung:*

Die Verwendung von Blockdiagrammen ermöglicht zwar eine anschauliche Darstellung der Grundstruktur. Zur Beschreibung der Operationsabläufe in dieser Struktur werden jedoch zusätzlich *Flußdiagramme* und algorithmische Darstellungen dieser Flußdiagramme durch *Programmschemata* erforderlich.

Es ist im Rahmen dieser Darstellung nicht möglich diese Aufgabenstellungen in vollem Umfang zu beschreiben. Die Darstellung muß sich beschränken auf die Beschreibung der zentralen Einheiten eines Rechnersystems auf der Ebene der Maschinen- und der Registerkonfiguration. In der Form eines exemplarischen Beispieles wird die Beschreibung der Struktur, des Verhaltens und der operativen Abläufe gegeben.

6.1 Beschreibung der Struktur von Rechnersystemen

Die strukturelle Beschreibung von Rechnersystemen konzentriert sich im Rahmen dieser Darstellung auf die Ebene der Registerkonfiguration, wobei eine weitere Beschränkung auf die Darstellung der zentralen Einheiten erfolgen muß. Die verwendeten Methoden sind jedoch auch auf die Beschreibung von Ein- und Ausgabeeinheiten und Speichereinheiten anwendbar.

Die strukturelle Beschreibung einer Registerkonfiguration umfaßt:

1. Die Festlegung der verfügbaren Register und Speicherelemente,
2. die Definition der Datenwege zwischen den Speichereinheiten und die dafür erforderlichen Schaltergruppen,
3. die innerhalb der Funktionseinheiten verfügbaren Verarbeitungseinheiten, die während des Informationstransfer zwischen den Speichereinheiten, die eigentliche Verarbeitung der Information durchführen.

Zur Darstellung werden im folgenden sowohl eine anschauliche Beschreibung durch Block- und Flußdiagramme verwendet, als auch eine formale Darstellung, die sich an die bei Programmiersprachen üblichen Festlegungen anlehnt. Eine Zusammenstellung der Grundbegriffe der Programmierung in Hinblick auf ihre Verwendung in dieser Darstellung ist im Anhang gegeben [vgl. 9; 23; 25].

6.1.1 Register und Speicherelemente

In diesem Abschnitt wird die Darstellung von Registern, Speichereinheiten und von Schaltergruppen zur Definition von Datenwegen gegeben.

1. *Register:* Register zur Speicherung von Information bestehen aus einer Anzahl von Speicherelementen, die zu einer Einheit zusam-

Blockdiagramm

| A_0 | A_1 | | | | A_n |

| R_0 | R_1 | | | R_n |

Formale Darstellung

Typ Vereinbarung

REGISTER A (0 — n) BINÄR,
          R (0 — n) BINÄR;

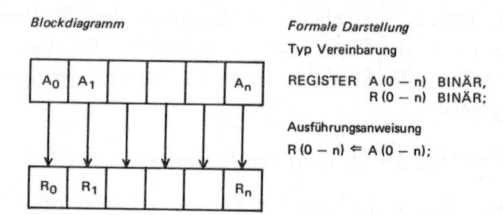

Ausführungsanweisung

R (0 — n) ⇐ A (0 — n);

Abb. 6–3 Darstellung von Registern und Informationstransfer zwischen Registern

mengefaßt sind. Register speichern Daten und Instruktionen in binär kodierter Form. Zur Beschreibung der Informationsübertragung zwischen Registern wird eine Darstellung in Form eines Blockdiagrammes sowie eine formale Schreibweise verwendet, die sich an die bei Programmiersprachen verwendete Technik anlehnt, wie in Abb. 6–3 gezeigt.

Symbolisch ist ein Register durch einen *Namen* beschrieben und durch die Kennzeichnung seiner Registerstellen, beispielsweise durch eine fortlaufende Numerierung oder durch eine anderweitige eindeutige Identifizierung. Das Kennwort REGISTER bedeutet, der symbolische Name bezieht sich auf eine Registeranordnung von Speicherelementen. Die Indizierung der Registerstellen erfolgt durch den Klammerausdruck (0 – n). Weitere Attribute wie z. B. BINÄR, DEZIMAL, OKTAL sind möglich. Für diesen Zweck der Darstellung werden jedoch ausschließlich binäre Register verwendet.

Namen von Registern werden durch Kombinationen von großen Buchstaben und Ziffern dargestellt, z. B. R1, R2, AKKU, usw.

Ein Transfer von Information zwischen Registern ist symbolisch dargestellt durch das Operationszeichen ‚⇐'. R(0 – n) ⇐ A(0 – n) bedeutet demnach, daß der Inhalt des Registers A für alle Stellen von 0 – n in die korrespondierenden Stellen des Registers R transferiert wird.

2. *Speichereinheiten* sind als eine Anordnung von Registern aufzufassen. Die einzelnen Register sind als Speicherzellen verstanden. Jeder Speicherzelle wird eine eindeutige Kennzeichnung als Adresse zugeordnet. Eine Speichereinheit umfaßt neben der eigentlichen Speicheranordnung ein *Adressenregister* zur Speicherung der Adresse der jeweiligen Speicherstelle und ein *Datenregister* zur Speicherung der Information, die der adressierten Speicherstelle zugeordnet ist.

Die prinzipielle Darstellung einer Speichereinheit in einem Blockdiagramm zeigt Abb. 6–4.

6. Beschreibung komplexer Einheiten

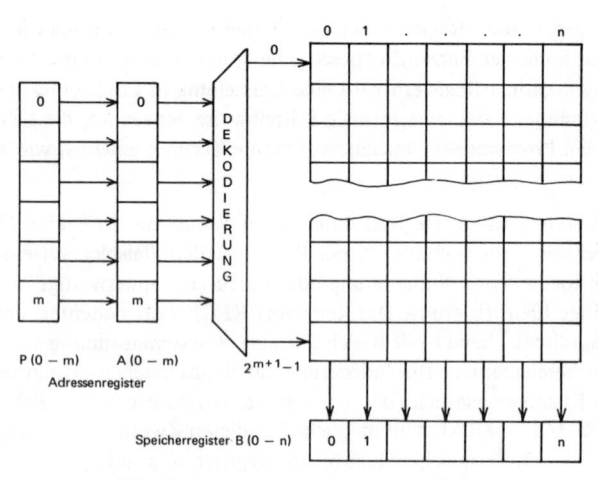

Abb. 6–4 Darstellung einer Speichereinheit

Zur weiteren Spezifizierung von Speichereinheiten sind Annahmen über die Arbeitsweise erforderlich [vgl. 23; 29]. Für diesen Zweck der Darstellung wird folgendes festgelegt:

1. Die Lese- und Schreibvorgänge sind *synchron* zu einem Grundtakt.

2. *Leseoperationen:* Zur Durchführung einer Leseoperation wird eine Speicheradresse zur Zeit t in das Adressenregister eingegeben und der Speicherzyklus eingeleitet. In der ersten Phase der Leseoperation wird der Inhalt der adressierten Speicherstelle ausgelesen und steht zur Zeit t + 1 im Speicherregister zur Verfügung. Falls beim Auslesen der Information der Inhalt der Speicherstelle zerstört wird, erfolgt in einer zweiten Phase des Speicherzyklus das Wiedereinschreiben der Information aus dem Speicherregister in die entsprechende Speicherstelle. Die Speichereinheit kann dann frühestens zum Zeitpunkt t + 2 wieder adressiert werden.

3. *Schreiboperation:* Zur Abspeicherung von Information in einer Speicherstelle wird eine Adresse in das Adressenregister einge-

6.1 Beschreibung der Struktur von Rechnersystemen

geben und der Speicherzyklus eingeleitet. Das ausgelesene Wort wird jedoch nicht in dem Speicherregister abgespeichert, da das Speicherregister die abzuspeichernde Information enthält. In der anschließenden Schreibphase des Speicherzyklus wird der Inhalt des Speicherregisters in die adressierte Speicherstelle eingeschrieben.

Eine formale Beschreibung dieser Speicheroperationen zeigt Abb. 6–5. Die Register A und B sind das Adressen- bzw. das Speicherregister. Es sind $2^{12} = 4096$ Speicherstellen adressierbar. Jede Speicherstelle hat eine Kapazität von 36 Binärstellen. Das Register P ist ein Zwischenregister, das beispielsweise zur Bildung der Speicheradresse verwendet werden kann.

1. *Vereinbarungen zur Konfiguration*

SPEICHER	M (4096, 0–35);	[Arbeitsspeicher]
REGISTER	A (0–11),	[Adreßregister]
	P (0–11),	[Datenregister]
	B (0–35),	[Speicherregister]
	R,	[Operationsspeicher für Lesevorgang]
	W;	[Operationsspeicher für Schreibvorgang]

2. *Leseoperation*

Schritt 1:	A (0–11) ⇐ P (0–11);	[Laden Adreßregister]
Schritt 2:	R ⇐ 1;	[Start Lesevorgang]
Schritt 3:	B (0–35) ⇐ M (A);	[Auslesen der adressierten Speicherstelle in das Speicherregister]
Schritt 4:	M (A) ⇐ B (0–35);	[Wiedereinschreiben der ausgelesenen Information]

3. *Schreiboperation*

Schritt 1:	A (0–11) ⇐ P (0–11);	[Laden Adreßregister]
Schritt 2:	W ⇐ 1;	[Start Schreibvorgang]
Schritt 3:	M (A) ⇐ B (0–35);	[Einschreiben des Inhaltes des Speicherregisters in die adressierte Speicherstelle]

Abb. 6–5 Formale Beschreibung von Speicheroperationen

3. *Schaltergruppen und Datenwege:* Zur Durchführung des Datentransfer zwischen den Registern, den Speichereinheiten und den Verarbeitungseinheiten sind Schaltergruppen erforderlich. UND-Schaltergruppen am Ausgang oder Eingang eines Registers veranlassen in Abhängigkeit von einem gemeinsamen Steuersignal, die Ausgabe bzw. Eingabe von Information. ODER-Schaltergruppen

6. Beschreibung komplexer Einheiten

ermöglichen die Inhalte mehrerer Register durch die Aktivierung der entsprechenden Steuersignale zusammenzufassen.

UND-Schaltergruppe: Am Ausgang oder Eingang eines Registers $R(0-n)$ wird eine UND-Schaltergruppe $SW(0-n)$ angenommen. Sie besteht aus einer Anzahl von UND-Schaltgliedern, die durch ein gemeinsames Steuersignal c betätigt werden. Bei Vorhandensein eines Steuersignales $c = 1$ steht daher der Inhalt der i-ten Registerstelle $R(i)$ am Ausgang $SW(i)$ zur Verfügung. Die Darstellung einer UND-Schaltergruppe zeigt Abb. 6–6.

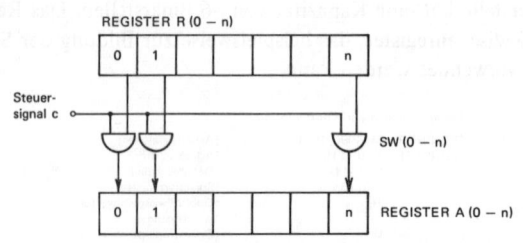

Abb. 6–6 UND-Schaltergruppe

ODER-Schaltergruppe: Der Inhalt mehrerer Register kann weiter wahlweise über die Aktivierung entsprechender Schaltergruppen zusammengefaßt werden, wie in Abb. 6–7 gezeigt ist.

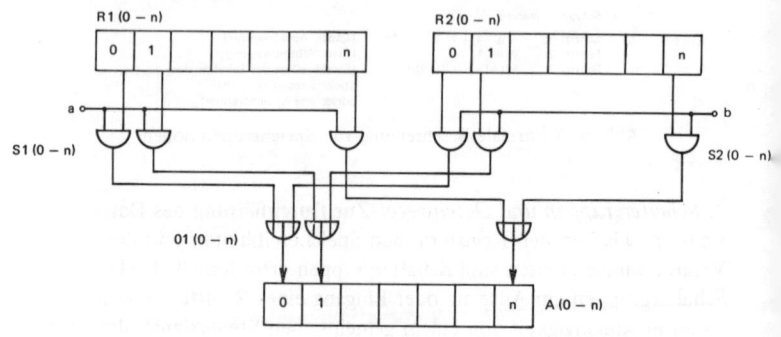

Abb. 6–7 ODER-Schaltergruppe

6.1.2 Verarbeitungseinheiten

Neben den Elementen und Baugruppen zur Speicherung von Information sowie den Schaltergruppen zur Herstellung von Datenwegen, enthält die Beschreibung der Grundkonfiguration Einheiten zur Verarbeitung der gespeicherten Informationen, z. B. Dekodiervorrichtungen, Komplementer, Komparatoren, Addierwerke u. a. m.

Blockdarstellung
Eingabe
$A_1 - - - - - A_n$

kombinatorisches Schaltnetz

$B_1 - - - - - B_n$

formale Darstellung
TERMINAL $B_1 = f_1(A_1, \ldots A_n)$,
. .
. .
. .
$B_n = f_n(A_1, \ldots A_n)$;

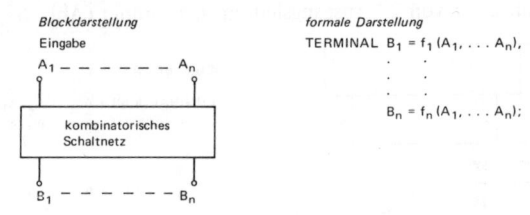

Abb. 6–8 Darstellung von Verarbeitungseinheiten

Das Kennwort TERMINAL bedeutet, daß der dem Kennwort folgende Ausdruck eine Boole'sche Funktion beschreibt. Die in dieser Funktion auftretenden Variablen sind ausnahmslos Inhalte von Registern oder Speicherelementen. Der Wert dieser Boole'schen Funktion wird am Ausgang des entsprechenden kombinatorischen Schaltnetzes bereitgestellt und steht zur weiteren Verarbeitung oder Abspeicherung zur Verfügung (Abb. 6–8).

Häufig verwendete Schaltungsanordnungen wie Schaltergruppen, Dekodiervorrichtungen, Komplementer u. a. m. können in einer geeigneten abkürzenden Schreibweise dargestellt werden und durch spezielle Kennworte wie SCHALTER, DEKODER, KOMPLEMENTER usw. gekennzeichnet werden, wie die folgenden Beispiele zeigen.

A_1 A_n

Komplementer

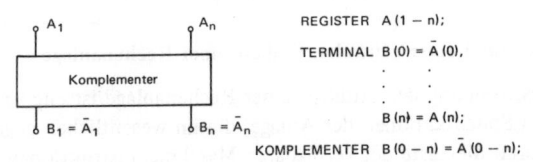

$B_1 = \bar{A}_1$ $B_n = \bar{A}_n$

REGISTER $A(1 - n)$;
TERMINAL $B(0) = \bar{A}(0)$,
.   .
.   .
$B(n) = \bar{A}(n)$;
KOMPLEMENTER $B(0 - n) = \bar{A}(0 - n)$;

Abb. 6–9 Darstellung eines Komplementers

Komplementer: Ein Komplementer wird als ein kombinatorisches Netzwerk aufgefaßt, das n Eingänge und n Ausgänge hat. An jedem Ausgang i des Netzwerkes ist das Komplement des Einganges i verfügbar (Abb. 6-9).

Dekodiervorrichtung: Eine Dekodiervorrichtung ist eine Schaltungsanordnung, die jedem Wert eines n-stelligen Registers ein Ausgangssignal auf einer von 2^n Ausgangsleitungen zuordnet (Abb. 6-10).

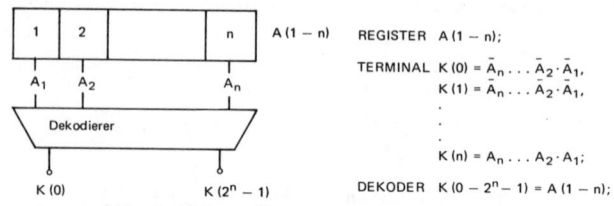

```
┌───┬───┬──────────┬───┐   A (1 – n)   REGISTER  A (1 – n);
│ 1 │ 2 │          │ n │
└─┬─┴─┬─┴──────────┴─┬─┘               TERMINAL  K (0) = $\bar{A}_n \ldots \bar{A}_2 \cdot \bar{A}_1$,
  │A₁ │A₂            │Aₙ                         K (1) = $\bar{A}_n \ldots \bar{A}_2 \cdot \bar{A}_1$,
┌─▼───▼──────────────▼─┐                          .
│      Dekodierer      │                          .
└─┬──────────────────┬─┘                         K (n) = $A_n \ldots A_2 \cdot A_1$;
  ▼                  ▼
 K (0)          K ($2^n$ – 1)          DEKODER   K (0 – $2^n$ – 1) = A (1 – n);
```

Abb. 6-10 Darstellung einer Dekodiervorrichtung

Komparator: Um zwei Registerinhalte auf Gleichheit zu prüfen, ist eine Schaltungsanordnung erforderlich, die jeweils zwei korrespondierende Stellen durch eine exklusive ODER-Verknüpfung vergleicht (Abb. 6-11).

```
┌───┬───┬───┐    ┌───┬───┬───┐       REGISTER  A (0 – n),
│A₀ │A₁ │A₂ │    │B₀ │B₁ │B₂ │                 B (0 – n);
└─┬─┴─┬─┴─┬─┘    └─┬─┴─┬─┴─┬─┘
  ▼   ▼   ▼        ▼   ▼   ▼         TERMINAL  $C_0 = A_0 \cdot \bar{B}_0 + \bar{A}_0 \cdot B_0$,
┌───────────────────────────┐                   .
│        Komparator         │                   .
└─┬───────┬───────┬─────────┘                  $C_n = A_n \cdot \bar{B}_n + \bar{A}_m \cdot B_m$;
  ▼       ▼       ▼
 C₀       C₁      C₂                  KOMPARATOR C (0 – n) = A (0 – n) ⊕ B (0 – n)
```

⊕ exklusive ODER-Verknüpfung

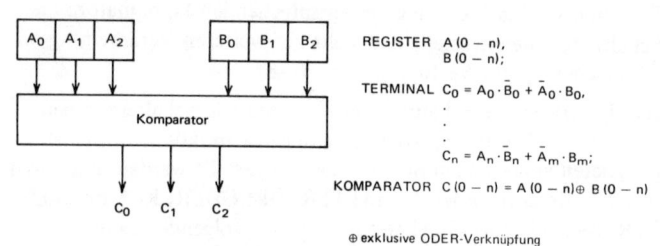

Abb. 6-11 Darstellung eines Komparators

6.1.3 Beispiel einer zentralen Einheit einer Rechenanlage

Die Beschreibung der Struktur einer Rechenanlage ist eng verknüpft mit den Spezifikationen der Anlage, die im wesentlichen gegeben sind durch die Liste der verfügbaren Maschineninstruktionen mit den zugehörigen Daten und Instruktionsformaten.

6.1 Beschreibung der Struktur von Rechnersystemen

Datenformate können sich auf eine Vielzahl von Spezifikationen beziehen, wie z. B. auf eine binäre oder dezimale Zahlendarstellung, feste oder variable Wortlänge, festes oder gleitendes Komma u. a. m. Die Instruktionsformate sind ebenfalls durch eine Anzahl grundlegender Annahmen festzulegen, wie beispielsweise Zahl der explizit angegebenen Operandenadressen, Adressierung durch direkte oder indirekte Adressenangabe, Verwendung von Indexregistern, Speicher oder Registeroperationen usw. Für die folgende prinzipielle Darstellung einer zentralen Einheit werden jedoch nur die folgenden einfachen Annahmen in Bezug auf Daten- und Instruktionsformate zugelassen.

Es werden nur Daten in *Festkommadarstellung* betrachtet, die durch eine Vorzeichenstelle und durch n Binärstellen gegeben sind.

Vorzeichen	Absolutbetrag					
0	1	2	3			n
±	x	x	x	x	x	x

Abb. 6–12 Datendarstellung

Eine *Maschineninstruktion* besteht aus einem Operationsteil von k Binärstellen und einem Adressenteil von m Binärstellen, so daß 2^k-Operationen dekodiert werden können und 2^m-Speicherstellen adressierbar sind.

Operationsteil				Adressenteil					
1	2		k	1	2	3			m
x	x	x	x	x	x	x	x	x	x

Abb. 6–13 Maschineninstruktion

Auf der Grundlage dieser Festlegungen ist die Grundkonfiguration in Abb. 6–14 durch die folgenden Elemente gegeben:

Speicher, Register und Verarbeitungseinheiten

A) Hauptspeicher HSP (2^m, 0 – n): Es sind 2^m Speicherstellen adressierbar, die jeweils ein Wort von (n + 1) Binärstellen aufnehmen können.

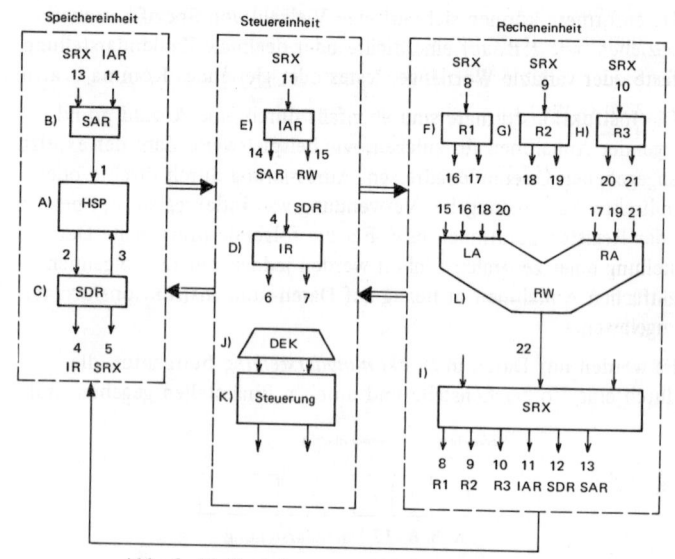

Abb. 6–14 Blockdiagramm einer komplexen Einheit

B) Speicheradreßregister SAR (1 – m): Register zum Abspeichern einer Speicheradresse von m Binärstellen.

C) Speicherregister SDR (0 – n): Register zur Aufnahme eines Speicherwortes.

D) Instruktionsregister IR (0 – n): Register zur Aufnahme der auszuführenden Operation.

E) Instruktionsadreßregister IAR (1 – n): Register zur Aufnahme des Adressenteiles aus einem Befehlswort.

F, G, H) Datenregister R1 (0 – n), R2 (0 – n), R3 (0 – n), Register zur Aufnahme eines Wortes außerhalb des Hauptspeichers.

I) Verteilerregister SRX (0 – n): Register zur Akkumulation und zur Verteilung der Resultate aus dem Rechenwerk an die Register der Konfiguration.

6.1 Beschreibung der Struktur von Rechnersystemen

J) Dekodiervorrichtung zur Feststellung der als nächstes auszuführenden im Instruktionsregister gespeicherten Operation.

K) Steuerwerk zur Bereitstellung der erforderlichen Steuerimpulse zum Öffnen und Schließen der Datenwege.

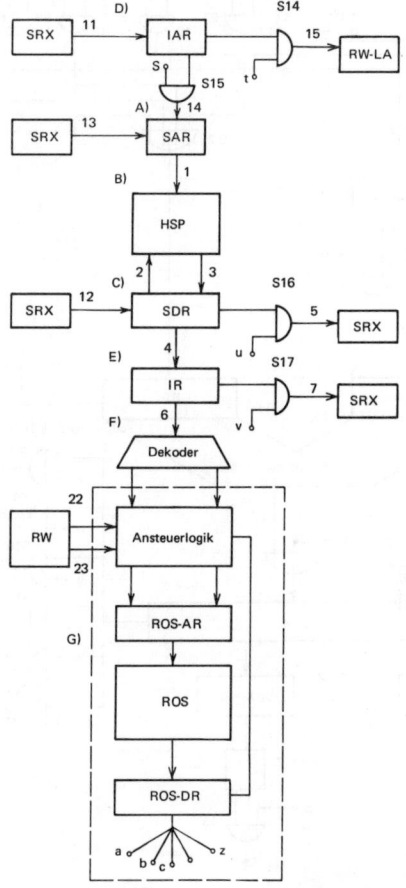

Abb. 6–15 Steuer- und Speichereinheit

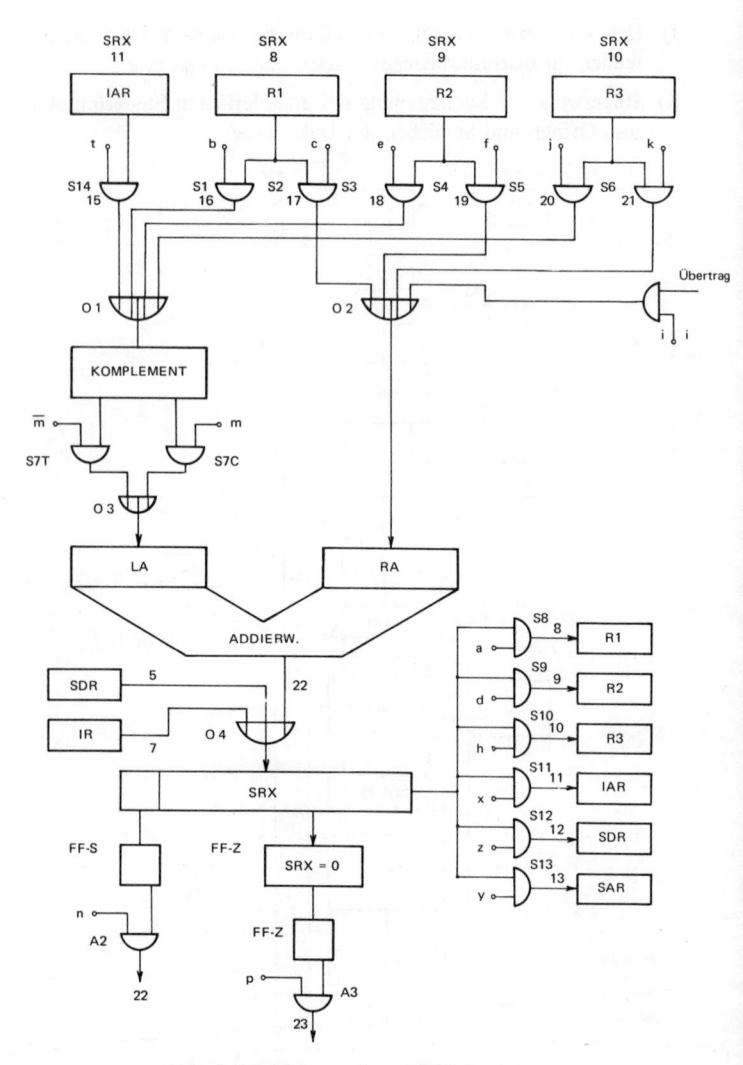

Abb. 6–16 Rechenwerk und Verteilerregister

L) Rechenwerk zur Ausführung der logischen und der arithmetischen Operationen.

In einer weiteren Detaillierung sind die folgenden Verarbeitungseinheiten aufgeführt:

1. Das Addierwerk RW mit zwei Eingängen RW-LA und RW-RA, das als Paralleladdierwerk arbeitet.

2. Eine Vorrichtung zur Komplementbildung KOMPL, die in Abhängigkeit von einem Steuersignal m die Negation eines Registerinhaltes liefert.

3. Eine Vorrichtung zur Eingabe eines Übertragimpulses.

4. Eine Prüfvorrichtung zur Feststellung, ob der Inhalt des Verteilerregisters SRX gleich Null ist.

5. Eine Vorrichtung zur Vorzeichenprüfung, der im Verteilerregister SRX gespeicherten Daten.

Datenwege: Zwischen den Speichereinheiten und den Registern bestehen die folgenden Datenwege:

1. $HSP(2^m, 0-n) \Leftarrow SAR(1-m)$: Die im Speicheradreßregister SAR abgespeicherte Adresse wird an die Speichereinheit HSP transferiert und löst eine Schreib- oder Leseoperation im Speicher aus.

2. $SDR(0-n) \Leftarrow HSP(SAR)$: Der Inhalt der Speicherstelle, die durch den Inhalt des Speicheradreßregisters SAR angesteuert wurde, wird in das Speicherregister SDR transferiert.

3. $HSP(SAR) \Leftarrow SDR(0-n)$: Der Inhalt des Speicherregisters SDR wird in die durch den Inhalt des Speicheradreßregisters SAR bestimmte Speicherstelle des Hauptspeichers abgespeichert.

4. $IR(0-n) \Leftarrow SDR(0-n)$: Der Inhalt des Speicherregisters SDR wird in das Instruktionsregister IR transferiert.

5. $SRX(0-n) \Leftarrow SDR(0-n)$: Der Inhalt des Speicherregisters SDR wird in das Verteilerregister SRX transferiert.

6. $DEK \Leftarrow IR(1-k)$: Der Operationsteil des Instruktionsregisters IR wird an die Dekodiervorrichtung ausgegeben.

7. SRX ⇐ IR(1 − m): Der Adressenteil des Instruktionsregisters IR wird rechtsbündig in das Verteilerregister SRX transferiert.

8. R1(0 − n) ⇐ SRX(0 − n) ⎫ Der Inhalt des Verteilerregisters
9. R2(0 − n) ⇐ SRX(0 − n) ⎬ SRX wird in die Datenregister
10. R3(0 − n) ⇐ SRX(0 − n) ⎭ R1, R2, R3 transferiert.

11. IAR(1 − m) ⇐ SRX: Die m niedrigstwertigen Stellen des Verteilerregisters SRX werden in das Instruktionsadreßregister transferiert.

12. SDR(0 − n) ⇐ SRX(0 − n): Der Inhalt des Verteilerregisters SRX wird in das Speicherregister SDR transferiert.

13. SAR(1 − m) ⇐ SRX: Die m niedrigstwertigen Stellen des Verteilerregisters SDR werden in das Speicheradreßregister SAR transferiert.

14. SAR(1 − m) ⇐ IAR(1 − m): Der Inhalt des Instruktionsadreßregisters IAR, der Adressenteil eines Befehlswortes, wird in das Speicheradreßregister SAR transferiert.

Schaltergruppe	Steuersignal	Inhalt von Register	nach Register
S1 (0 − n)	b	R1	KOMPL
S2 (0 − n)	c	R1	RW-RA
S3 (0 − n)	e	R2	KOMPL
S4 (0 − n)	f	R2	RW-RA
S5 (0 − n)	j	R3	KOMPL
S6 (0 − n)	k	R3	RW-RA
S7T (0 − n)	m	Ri	RW-LA
S7C (0 − n)	m	Ri	RW-LA
S8 (0 − n)	a	SRX	R1
S9 (0 − n)	d	SRX	R2
S10 (0 − n)	h	SRX	R3
S11 (1 − m)	x	SRX	IAR
S12 (0 − n)	z	SRX	SDR
S13 (1 − m)	y	SRX	SAR
S14 (1 − m)	t	IAR	KOMPL
S15 (1 − m)	s	IAR	SAR
S16 (0 − n)	u	SDR	SRX
S17 (0 − n)	v	IR	SRX

O 1 (0 − n) = S1 (0 − n) · b + S3 (0 − n) · e + S5 (0 − n) · j + S14 (1 − m) · t
O 2 (0 − n) = S2 (0 − n) · c + S4 (0 − n) · f + S5 (0 − n) · k + ÜB · i
O 3 (0 − n) = S7T (0 − n) · m + S7C (0 − n) · m
O 4 (0 − n) = SDR (0 − n) · u + IR (0 − n) · v + RW (0 − n)
O 5 (0 − n) = S13 (1 − m) · y + S15 (1 − m) · s

Abb. 6−17 UND- und ODER-Schaltergruppen in Konfiguration

15. RW-LA = IAR (1 − m): Der Inhalt des Instruktionsadreßregisters IAR wird an den Eingang des Rechenwerkes RW-LA ausgegeben.

16. RW-LA = R1 (0 − n) ⎫ Der Inhalt der Datenregister R1 bzw.
18. RW-LA = R2 (0 − n) ⎬ R2 bzw. R3 wird an den Eingang
20. RW-LA = R3 (0 − n) ⎭ RW-LA des Rechenwerkes gegeben.

17. RW-RA = R1 (0 − n) ⎫ Der Inhalt der Datenregister R1 bzw.
19. RW-RA = R2 (0 − n) ⎬ R2 bzw. R3 wird an den Eingang
21. RW-RA = R3 (0 − n) ⎭ RW-RA des Rechenwerkes ausgegeben.

22. SRX (0 − n) ⇐ RW (0 − n): Die am Ausgang des Rechenwerkes zur Verfügung stehende Information wird in das Verteilerregister SRX abgespeichert.

Eine detaillierte Darstellung dieser Datenwege mit den zugehörigen Schaltergruppen und Steuersignale zeigen die Abb. 6−15 bis 6−17.

6.2 Beschreibung des Verhaltens

Während die Struktur eines Systems eindeutig festgelegt ist durch die Beschreibung der verfügbaren Baugruppen und Schaltglieder, sind für das Verhalten des Systems mehrere Beschreibungsebenen zu betrachten. Im folgenden wird das Verhalten eines Systems untersucht:

1. auf der Ebene der *Mikrooperationen.* Unter einer Mikrooperation werden alle diejenigen Verarbeitungsvorgänge verstanden, die innerhalb einer Zeiteinheit durchführbar sind und mit einem Informationstransfer zwischen Speicherelementen oder Registern verknüpft sind,

2. auf der Ebene von *Mikroprogrammen.* Folgen von Mikrooperationen werden zur Darstellung komplexer Abläufe verwendet, die sich nicht innerhalb einer Zeiteinheit ausführen lassen, sondern mehrere Zeiteinheiten, *Zeitintervalle,* erfordern,

3. auf der Ebene von *Maschineninstruktionen.* Die Gesamtheit aller von einer Rechenanlage ausführbaren Maschineninstruktionen stellt die Instruktionsliste des Systems dar. Maschineninstruk-

tionen, wie beispielsweise arithmetische oder Ein- und Ausgabeinstruktionen stellen komplexe Abläufe dar, die sich über Zeitintervalle erstrecken und die durch Mikroprogramme realisiert werden.

Innerhalb dieser Gliederung ist die Darstellung der Maschineninstruktionen durch Mikroprogramme von besonderer Bedeutung. Das den einzelnen Maschineninstruktionen zugeordnete Mikroprogramm stellt eine detaillierte Spezifikation der Maschineninstruktion dar. Die Ausführung einer Maschineninstruktion wird zurückgeführt auf eine Folge von Einzelschritten in der Form von Mikrooperationen, deren Ausführung jeweils eine Zeiteinheit beansprucht. Das Mikroprogramm legt daher einen komplexen sequentiellen Ablauf fest, dessen Einzelschritte soweit spezifiziert sind, daß genau festgelegt wird, unter welchen Voraussetzungen die einzelnen Mikrooperationen ausgeführt werden, welche Register oder Speichereinheiten die erforderlichen Operanden bereitstellen und, wohin das Ergebnis ab- oder zwischengespeichert werden soll.

Nicht festgelegt wird auf dieser Beschreibungsebene jedoch, mit welchen Mitteln die Mikroprogramme innerhalb der festgelegten Konfiguration ausgeführt werden. Es werden keine Annahmen über die Art der verwendeten Speicherelemente, der Bereitstellung der erforderlichen Zeit und Steuersignale, der Spezifikation von kombinatorischen Schaltnetzen u. a. m. festgelegt. Diese Festlegungen, die schließlich zu einer vollständigen binären Beschreibung der Abläufe führen, werden im Rahmen der operativen Beschreibung gegeben.

6.2.1 Mikrooperationen

Alle Operationen, die innerhalb der Grundkonfiguration in einer Zeiteinheit ablaufen, werden als *Mikrooperationen* bezeichnet. Mit jeder Mikrooperation ist ein Transfer von Information aus Speichereinheiten zu den Verarbeitungseinheiten und eine erneute Abspeicherung des Ergebnisses in Speichereinheiten verknüpft. Beispiele von Mikrooperationen sind: Datentransferoperationen zwischen Registern der Konfiguration, Setzen und Löschen von Registern,

Rechts- und Linksverschiebungen von Registerinhalten, soweit sie innerhalb einer Taktzeit erfolgen, Dekodiervorgänge, arithmetische Operationen.

Die symbolische Darstellung einer Mikrooperation in einer algorithmischen Schreibweise wird als *Mikroinstruktion* bezeichnet. Eine Mikroinstruktion ist in allgemeiner Form beschrieben durch die Schreibweise

$$REG \Leftarrow OP(A, B, C, \ldots) \ .$$

Das Glied OP(A, B, C, ...) stellt einen *Ausdruck* dar, der als eine Kombination von Operatoren, Operanden und Konstanten nach bestimmten Regeln aufgebaut ist.

Ausdrücke repräsentieren diejenigen Funktionen, die durch eine Mikrooperation ausgeführt werden. Der *Wert* eines Ausdruckes ist dargestellt durch die Signale am Ausgang des entsprechenden kombinatorischen Netzwerkes. Sie werden in einer anschließenden Transferoperation wieder in den spezifizierten Speichereinheiten abgespeichert.

Die logischen Funktionen der UND- und ODER-Verknüpfung werden durch die Operationssymbole „·" bzw. „+" dargestellt. Die Negation wird durch Überstreichung der Operanden gekennzeichnet. Komplexe Boole'sche Funktionen werden abkürzend durch eine Kombination kleiner Buchstaben oder durch weitere spezielle Symbole dargestellt. Beispiele von Operatoren zeigt Abb. 6–18.

Einstellige Operatoren

Operator	Ausdruck	Definition
–	$\bar{A}$	Negation
shr	shr A	Verschiebung nach rechts
shl	shl A	Verschiebung nach links
circl	circl A	zyklische Verschiebung nach links
circr	circr A	zyklische Verschiebung nach rechts
add 1	add 1 A	Addition + 1
sub 1	sub 1 A	Subtraktion + 1

Zweistellige Operatoren

+	A + B	ODER-Verknüpfung
·	A · B	UND-Verknüpfung
$\oplus$	A $\oplus$ B	Exklusives ODER = $A \cdot \bar{B} + \bar{A} \cdot B$
$\odot$	A $\odot$ B	ÄQUIVALENZ = $\bar{A} \cdot \bar{B} + A \cdot B$

Abb. 6–18 Operatoren für Mikrooperationen

Die Verschiebeoperationen shl, shr veranlassen eine Versetzung der Registerinhalte um eine Stelle nach links bzw. nach rechts mit gleichzeitigem Löschen der rechts- bzw. linksbündigen Stellen.

Die zyklischen Verschiebeoperationen circl, circr führen zusätzlich einen entsprechenden Transfer zwischen den rechts- und linksbündigen Stellen des Registers durch.

Die logischen Operationen beziehen sich auf eine entsprechende Verknüpfung der korrespondierenden Registerstellen.

Die Ausführung einer Mikrooperation hängt jedoch im allgemeinen vom Vorhandensein gewisser Steuer- und Zeitsignale ab, die von einem Steuerwerk bereitgestellt werden. Zusätzlich ist zu beachten, daß zu einem bestimmten Zeitpunkt innerhalb der Grundkonfiguration eine Anzahl von Mikrooperationen parallel ausgeführt werden. Die Spezifizierung der Steuer- und Zeitsignale und die Angabe aller Operationen, die zu einem bestimmten Zeitpunkt parallel ausführbar sind, werden in einer *Ausführungsanweisung* zusammengefaßt. Zu diesem Zweck wird die symbolische Darstellung einer Mikrooperation erweitert durch die Hinzunahme einer *Marke* oder eines Kennsatzes, die die Voraussetzungen festlegen, unter denen die Ausführung der Mikrooperationen erfolgt. Die allgemeinste Form einer Ausführungsanweisung kann dargestellt werden in der Form

$$c \cdot t: \quad REG \Leftarrow OP(A, B, C, \ldots) ;$$

Die Marke $c \cdot t$ bestimmt eine logische Variable, die als *Steuersignal* aufgefaßt wird. Falls der Wert dieser Variablen gleich „1" ist, so werden die in der Mikroanweisung festgelegten Mikrooperationen ausgeführt.

Auf dieser Grundlage können beliebige komplexe Mikrooperationen aufgebaut werden, wobei zu beachten ist, daß alle Mikrooperationen innerhalb einer Taktzeit ausführbar sein müssen.

Die in einer Rechenanlage eingebauten Mikrooperationen lassen sich in folgende Gruppen einteilen [61; 77].

1. Transferoperationen,

2. Logische und bedingte Operationen,
3. arithmetische Operationen.

1. *Transferoperationen:*

Transferoperationen ermöglichen die Übertragung von Information zwischen Speicherelementen, Registern und Speichereinheiten. Der Informationstransfer kann sich auf den Gesamtinhalt eines Registers, oder auf Teile von Registern beziehen, die durch eine geeignete Indizierung gekennzeichnet sind. Verknüpfungen von Registerinhalten durch Boole'sche Funktionen und die Durchführung von Verschiebeoperationen durch entsprechende Festlegung der Adressierung von Registerstellen sind zusätzlich möglich.

Eine vollständige Beschreibung einer Transferoperation zwischen den Registern $A(0-n)$ und $R(0-n)$ in Abhängigkeit von dem Steuersignal c zeigt Abb. 6–19.

Die Beschreibung gliedert sich in zwei Teilbeschreibungen:

Die Beschreibung der Konfiguration: Sie legt durch die Vereinbarungen REGISTER $A(0-n)$, $R(0-n)$ das Vorhandensein von zwei Registern A und R fest. Die Vereinbarung SCHALTER $SW(0-n)$ bestimmt eine Schaltergruppe von UND-Schaltgliedern an deren Eingängen ein gemeinsames Steuersignal c liegt, sowie der Ausgang der jeweiligen Registerstelle.

Die Beschreibung der Mikroinstruktionen: Während die Beschreibung der Konfiguration den statischen Aufbau beschreibt durch die Angabe der vorhandenen Register und Schaltglieder, wird der Ablauf der Transferoperation beschrieben durch die Mikroinstruktionen $A(0) \Leftarrow R(0), A(1) \Leftarrow R(1), \ldots A(n) \Leftarrow R(n)$, die in der Mikroanweisung

$$c: \ A(0-n) \Leftarrow R(0-n) \ ;$$

zusammengefaßt sind. Sie legt fest, daß bei Vorhandensein des Steuersignales $c = 1$ für alle Registerstellen der Inhalt des Registers R in die korrespondierenden Stellen des Registers A transferiert wird.

6. Beschreibung komplexer Einheiten

Beschreibung der Konfiguration:

```
REGISTER    A (0 – n),
            R (0 – n);
TERMINAL    SW (0) = R (0) · c,
            SW (1) = R (1) · c,
                .         .
                .         .           SCHALTER SW (0 – n)
                .         .           = R (0 – n) · c;
            SW (n) = R (n) · c;
```

Beschreibung der Transferoperation:

```
    c:  A (0) ⇐ R (0),
        A (1) ⇐ R (1),
           .        .       c: A (0 – n) ⇐ R (0 – n);
           .        .
        A (n) ⇐ R (n);
```

Abb. 6–19 Transfer zwischen Registern

Weitere Beispiele zeigt Abb. 6–20. Die UND-Verknüpfung der Stellen 1–3 der Register A, B beschreibt ①, die Prüfung der Gleichheit der Stellen 1–3 der Register A, B und die Abspeicherung des Ergebnisses in Speicherelement EQ zeigt ②, die Übertragung des Registers B in das Register A mit gleichzeitiger zyklischer Verschiebung des Registerinhaltes um eine Stelle nach links zeigt ③.

```
        REGISTER A (0 – 5), B (0 – 5), EQ;

①    A (1) ⇐ A (1) · B (1),
     A (2) ⇐ A (2) · B (2),     A (1 – 3) ⇐ A (1 – 3) · B (1 – 3);
     A (3) ⇐ A (3) · B (3);

②    EQ ⇐ (A (1) ⊙ B (1)) · (A (2) ⊙ B (2)) · (A (3) ⊙ B (3));

③    A (1) ⇐ B (0),
     A (2) ⇐ B (1),
        .       .           A ⇐ circr B;
        .       .
     A (0) ⇐ B (5);
```

Abb. 6–20 Beispiele von Datentransferoperationen

2. *Bedingte und logische Mikrooperationen:*

Falls die Ausführung einer Mikrooperation jedoch von gewissen Bedingungen abhängen soll, beispielsweise vom Inhalt gewisser Speicherelemente, so sprechen wir von einer *bedingten* Mikrooperation. Die Beschreibung einer bedingten Mikrooperation erfolgt durch eine bedingte Mikroinstruktion in der Form einer IF . . . THEN-Anweisung.

6.2 Beschreibung des Verhaltens

Ist beispielsweise das Löschen eines Registers B(0 − n) abhängig vom Inhalt der Stelle A(0) des Registers A, so erfolgt die Beschreibung dieser Operation in der Form

$$\text{REGISTER} \quad B(0 - n),$$
$$A(0 - n);$$
$$\text{IF}\,(A(0) = 1) \quad \text{THEN}\,(B \Leftarrow 0);$$

Jede Boole'sche Funktion, die durch eine Wertetabelle gegeben ist, ist auf diese Weise durch bedingte Mikroinstruktionen darstellbar.

REGISTER A, B, F;

NEGATION
$F = \bar{A}$ IF (A = 0) THEN (F $\Leftarrow$ 1) ELSE (F $\Leftarrow$ 0);

UND
$F = A \cdot B$ IF (A = 0) THEN (F $\Leftarrow$ 0) ELSE (F $\Leftarrow$ B);

ODER
$F = A + B$ IF (A = 0) THEN (F $\Leftarrow$ B) ELSE (F $\Leftarrow$ 1);

Exclusiv. ODER
$F = A \cdot \bar{B} + \bar{A} \cdot B$ IF (A = 0) THEN (F $\Leftarrow$ B) ELSE (F $\Leftarrow$ $\bar{B}$);

Äquivalenz
$F = \bar{A} \cdot \bar{B} + A \cdot B$ IF (A = 0) THEN (F $\Leftarrow$ $\bar{B}$) ELSE (F $\Leftarrow$ B);

Abb. 6−21 Darstellung der logischen Grundfunktionen

X	Y	C_i	C_0	S
0	0	0	0	0
0	0	1	0	1
0	1	0	0	1
0	1	1	1	0
1	0	0	0	1
1	0	1	1	0
1	1	0	1	0
1	1	1	1	1

$S = X \oplus Y \oplus C_i$ Summe

$C = X \cdot Y + C_i \cdot (X + Y)$ Übertrag

Summe: IF (C_i = 0) THEN (S $\Leftarrow$ X $\oplus$ Y) ELSE (S $\Leftarrow$ X $\odot$ Y)

Übertrag: IF (C_i = 0) THEN (C $\Leftarrow$ X · Y) ELSE (C $\Leftarrow$ X + Y)

Abb. 6−22 Volladdiererstufe

Als weiteres Beispiel wird in Abb. 6−22 die Darstellung der Summe und des Übertrages in einem Ein-Bit-Volladdierwerk gezeigt, wobei die Umformung verwendet wird:

$$S = \bar{X} \cdot (\bar{Y} \cdot C_i + Y \cdot \bar{C_i}) + X \cdot (\bar{Y} \cdot \bar{C_i} + Y \cdot C_i) =$$
$$= \bar{X} \cdot (Y \oplus C_i) + X(Y \odot C) =$$
$$= \bar{X} \cdot (Y \oplus C) + X \cdot \overline{(Y \oplus C)} = X + Y \oplus C_i$$

3. Arithmetische Mikrooperationen

Soweit arithmetische Operationen innerhalb einer Zeiteinheit ausführbar sind, sind sie als Mikrooperationen aufzufassen. Als Beispiel sei die Addition in einem Parallel-Addierwerk dargestellt (Abb. 6–23). Die Addition sei dargestellt durch die Mikroinstruktion $S \Leftarrow A$ add R. Sie legt fest, daß der Inhalt der Register $A(1-5)$ und $X(1-5)$ in einem Paralleladdierwerk addiert und in dem Ergebnisregister $S(1-5)$ abgespeichert werden soll.

Unter Verwendung der oben dargestellten Spezifikation einer Addierstufe in einem Paralleladdierwerk ergibt sich für die Festlegung einer zugehörigen Schaltungsanordnung, die in Abb. 6–23 gezeigte Spezifikation. Die TERMINAL-Anweisung spezifiziert die Schaltungsanordnung des Paralleladdierwerkes.

Die Ausführungsanweisung beschreibt die Additionsoperation, die bei Vorhandensein eines Operationssignales a ausgeführt wird.

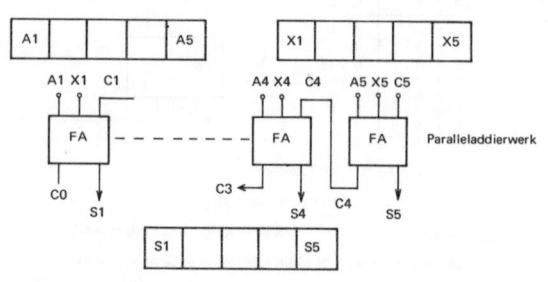

REGISTER $A(1-5), X(1-5), S(1-5)$;
TERMINAL $C(0-4) = X(1-5) \cdot A(1-5) + A(1-5) \cdot C(1-5) + C(1-5) \cdot X(1-5)$,
  $C(5) = 0$,
  $S(1-5) = A(1-5) \oplus X(1-5) \oplus C(1-5)$;
  a: $S \Leftarrow A$ add X;

Abb. 6–23 Paralleladdierwerk

6.2.2 Mikroprogramme

Die schrittweise Ausführung von komplexen Funktionen durch eine Anzahl von einfacheren Operationen, die in einer bestimmten Reihenfolge ausgeführt werden, stellt ein zentrales Problem dar. Neben der Auswahl geeigneter Grundoperationen, die durch technische Mittel als Mikrooperationen fest eingebaut zur Verfügung stehen, ist die Festlegung des Steuerungsablaufes dieser Operationen von zentraler Bedeutung [69; 70; 72; 77].

Folgen von Mikroinstruktionen werden als *Mikroprogramme* bezeichnet. Mikroprogramme bestehen aus einer Folge von Ausführungsanweisungen, die festlegen, welche Mikrooperationen zu welchen Zeitpunkten und unter welchen Bedingungen ausgeführt werden. Da bei dieser Betrachtung der sequentielle Charakter der Mikroprogramme im Vordergrund steht, nicht jedoch in welcher Weise und mit welchen Mitteln die Mikrooperationen ausgeführt werden, werden diese Programme als *vertikale* oder *sequentielle* Mikroprogramme bezeichnet.

Zur Spezifikation eines Mikroprogrammes sind die folgenden Schritte erforderlich:

1. *Die Festlegung der Konfiguration:*

Die zur Verfügung stehenden Register, Speicherelemente und Verarbeitungseinheiten und die vorhandenen Datenwege werden festgelegt. Sie stellen in ihrer Gesamtheit die Konfiguration dar, die allen Abläufen zugrundegelegt wird.

2. *Die Festlegung des Programmablaufes durch ein Flußdiagramm:*

Der Ablauf des Mikroprogrammes wird dargestellt durch eine Folge von Verarbeitungsschritten. Für jeden Schritt wird definiert, welche Datenwege innerhalb der Konfiguration benutzt werden und welche Verarbeitungsvorgänge ausgeführt werden. Da im allgemeinen innerhalb der Konfiguration mehrere Vorgänge parallel ablaufen werden, werden alle gleichzeitig ausführbaren Teilschritte innerhalb des Gesamtablaufes in einem Block des Flußdiagrammes zusammengefaßt.

3. *Die Umsetzung des Flußdiagrammes in eine algorithmische Darstellung:*

Die Darstellung, der innerhalb des Flußdiagrammes festgelegten Verarbeitungsschritte, in der Form von Ausführungsanweisungen ergibt eine *algorithmische* Beschreibung des Gesamtablaufes. Für jede Ausführungsanweisung muß festgelegt werden, unter welchen Voraussetzungen sie ausgeführt wird. Diese Voraussetzungen beziehen sich sowohl auf den zeitlichen Ablauf als auch auf die Abhängigkeit von der Erfüllung anderweitiger Bedingungen. Sie werden durch die Angabe entsprechender Kontrollvariablen und durch die Festlegung von Zeitsignalen beschrieben.

Das allgemeinste Verfahren zur Steuerung des Ablaufes eines Mikroprogrammes besteht in der Verwendung eines *Instruktionszählers,* beispielsweise in der Form eines Ringzählers, der in einem bestimmten Zeitintervall $t_0, \ldots t_n$ jeweils um eine Einheit weitergeschaltet wird bzw. neu eingestellt wird. Zu jedem Zeitpunkt t werden in Abhängigkeit von etwaigen Kontrollvariablen alle auszuführenden Mikroinstruktionen festgelegt.

Gleichzeitig wird der Instruktionszähler entweder weitergezählt oder neu eingestellt. Als Folge dieser detaillierten zeitlichen und logischen Festlegungen können die einzelnen Schritte des Mikroprogrammes in beliebiger Reihenfolge geschrieben werden. Der Anteil der Beschreibung, der sich auf die Steuerung des Mikroprogrammablaufes bezieht, ist jedoch relativ hoch.

Es ist daher zweckmäßig, die Folge der Mikrooperationen in einer *prozedurorientierten* Darstellung zu beschreiben. Die Reihenfolge der Anweisungen stellt auch die natürliche Aufeinanderfolge der Operationen dar, die lediglich durch Verzweigungsoperationen unterbrochen wird. Die Vorteile dieser Darstellung sind, daß Vereinbarungen über Steuersignalfolgen nicht erforderlich sind. Symbolische Marken als Kontrollvariable sind nur für diejenigen Anweisungen erforderlich, die in Verbindung mit Verzweigungsoperationen stehen. Die symbolischen Namen dieser Marken sind beliebig wählbar.

6.2 Beschreibung des Verhaltens komplexer Einheiten

Als Beispiel wird die Durchführung einer Verschiebeoperation in einem Schieberegister A dargestellt. Es wird angenommen, daß die Verschiebung um eine Stelle nach rechts und links als fest eingebaute Mikrooperation zur Verfügung stehen und durch die Zeichenfolge „shr" bzw. „shl" gekennzeichnet werden. Zur Spezifikation der Verschiebeoperation in dem Register A wird angenommen, daß

1. in das Register A eine bestimmte Information parallel eingegeben werden kann über entsprechende Eingabeleitungen,
2. die Anzahl der elementaren Verschiebeoperationen festgelegt wird und in einem Zähler zur Verfügung steht,
3. festgelegt wird, ob eine Rechts- oder Linksverschiebung ausgeführt werden soll.

Die Beschreibung dieser Operation erfolgt durch die Festlegung der Konfiguration, durch die Bestimmung eines Flußdiagrammes und durch die Beschreibung des Operationsablaufes in der Form eines Mikroprogrammes.

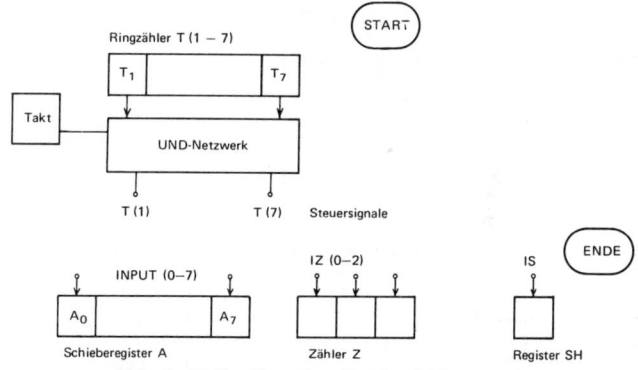

Abb. 6−24 Konfiguration für Verschiebeoperation

Die Konfiguration (Abb. 6−24) umfaßt das Schieberegister $A(0-7)$, einen Zähler $Z(0-2)$, einen Ringzähler $T(1-7)$ und ein Speicherelement SH zur Anzeige, ob Rechts- oder Linksverschiebung ausgeführt werden soll.

6. Beschreibung komplexer Einheiten

Die Eingabeleitungen INPUT (0–7) dienen zur Eingabe eines Wortes in das Schieberegister A (0–7). Die Eingabe IZ (0–2) bestimmt die Zahl der Verschiebeoperationen, die Eingabe IS in das Speicherelement SH bestimmt Rechts- oder Linksverschiebung.

Der Schalter START (EIN) dient zur einmaligen Auslösung der Operation. Die Anzeige ENDE (0, 1) zeigt das Ende der Verschiebeoperation an.

Den Programmablauf in der Form eines Flußdiagrammes zeigt Abb. 6–25. Nach Eingabe der Information in das Register A und der Abspeicherung der Zahl der Verschiebeoperationen in den Zähler C erfolgt die Durchführung der Verschiebeoperation durch eine wiederholte Rechts- oder Linksverschiebung des Register-

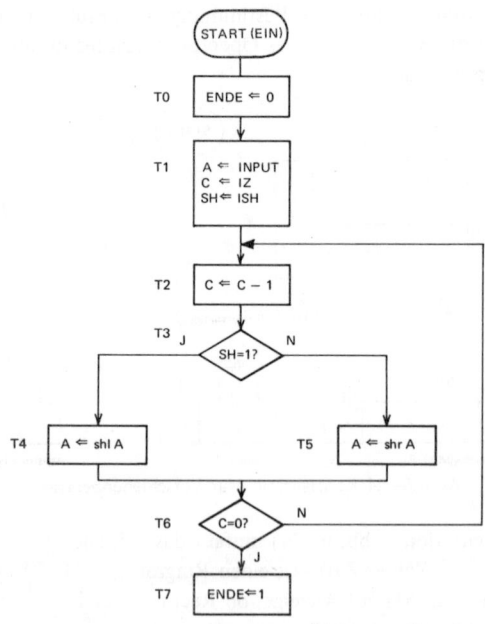

Abb. 6–25 Ablauf der Verschiebeoperation

6.2 Beschreibung des Verhaltens

inhaltes entsprechend der Spezifikation der Verschiebeoperation in Register SH. In der Darstellung des Flußdiagrammes sind alle diejenigen Einzeloperationen, die parallel innerhalb einer Zeiteinheit ausführbar sind, in einem Block zusammengefaßt.

Eine formale Beschreibung der Konfiguration und des Programmablaufes als Mikroprogramm zeigt Abb. 6–26. Zur Bereitstellung der Steuersignale wird angenommen, daß ein Ringzähler zur Verfügung steht. Er stellt in Verbindung mit dem Grundtakt P die entsprechenden Steuersignale bereit.

```
REGISTER      A (0 – 7),           Schieberegister
              C (0 – 2),           Zähler
              T (1 – 7),           Ringzähler
              SH;                  Rechts-Linksverschiebung
TERMINAL      INPUT (0 – 7),       Eingabe in A
              IZ (0 – 2),          Eingabe in Zähler
              ISH;                 Eingabe in SH
SCHALTER      START (EIN),         Startschalter
              ENDE (0, 1);         Ende Anzeige
TAKT          P;

START (EIN):  ENDE ⇐ 0, T (1 – 7) ⇐ 1000000;
T (1) · P:    A ⇐ INPUT, C ⇐ IZ, SH ⇐ ISH, T (1 – 2) ⇐ 01;
T (2) · P:    C ⇐ sub 1 C, T (2, 3) ⇐ 01;
T (3) · P:    IF (SH = 1) THEN (T (3, 4) ⇐ 01) ELSE (T (3, 5) ⇐ 01);
T (4) · P:    A ⇐ shl A, T (4, 6) ⇐ 01;
T (5) · P:    A ⇐ shr A, T (5, 6) ⇐ 01;
T (6) · P:    IF (C = 0) THEN (T (6, 7) ⇐ 01) ELSE (T (6, 2) ⇐ 01);
T (7) · P:    ENDE ⇐ 1, T (7) ⇐ 0;
```

Abb. 6–26 Programmablauf für Verschiebeoperation

Eine Darstellung der Verschiebeoperation in prozedurorientierter Schreibweise zeigt Abb. 6–27.

```
REGISTER      A (0 – 7), C (0 – 2), SH;
TERMINAL      INPUT (0 – 7), IZ (0 – 2), ISH;
SCHALTER      START (EIN);
ANZEIGE       ENDE (0, 1);

PROCEDUR:     IF (START (EIN)) THEN (ENDE ⇐ 0) ELSE (GO TO T8);
              A ⇐ INPUT, C ⇐ IZ, SH ⇐ ISH;
T2:           C ⇐ sub 1 C;
              IF (SH = 1) THEN (GO TO T5);
              A ⇐ shl A, GO TO T6;
T5:           A ⇐ shr A;
T6:           IF (C = 0) THEN (GO TO T2);
              ENDE ⇐ 1;
T8:           END;
```

Abb. 6–27 Prozedurorientierte Beschreibung der Verschiebeoperation

6.2.3 Maschineninstruktionen

Die Beschreibung eines Systems durch die Darstellung der Grundkonfiguration und der in dieser Konfiguration möglichen Mikrooperationen stellt eine sehr detaillierte Beschreibung des Systems dar, die für den Entwerfer eines Systems, nicht jedoch für den Benutzer, konzipiert ist.

Aus der Sicht eines Benutzers ist die niedrigste Beschreibungsebene eines Systems gegeben durch die Liste der Maschineninstruktionen und der diesen Instruktionen zugrundeliegenden *Maschinenkonfiguration*.

Auf der Ebene der Maschinenkonfiguration werden die einzelnen Funktionseinheiten wie Register, Speicherbereiche und Verarbeitungseinheiten jedoch nur soweit festgelegt, als es zur Definition der Maschineninstruktionen erforderlich ist.

Die Definition der Maschineninstruktionen ist abhängig von den vorgesehenen Daten- und Instruktionsformaten. Zusätzlich beeinflussen eine große Zahl von Festlegungen über die Ein- und Ausgabesteuerung den Speicherzugriff, die Start-Stop-Prozeduren, Unterbrechungen auf Grund von Fehlermeldungen, Diagnostikroutinen u. a. m. die Spezifikation der Abläufe innerhalb der Maschinenkonfiguration.

Folgen von Maschineninstruktionen beschreiben weitere komplexe Abläufe in der Form von *Maschinenprogrammen*. Sie führen schließlich zur Definition allgemein verwendbarer Prozeduren und Unterprogramme. Die Maschinenkonfiguration, die im wesentlichen die verfügbaren technischen Mittel beschreibt, wird erweitert zur *Systemkonfiguration,* die zusätzlich zur technischen Ausstattung, die Programmausrüstung des Systems beinhaltet. Sie kann im weitesten Sinne als das Betriebssystem der Anlage bezeichnet werden. Eine prinzipielle Darstellung dieser Zusammenhänge zeigt
Abb. 6—28.
Für den technischen Entwurf eines Systems sind insbesondere der Zusammenhang zwischen der Maschinenkonfiguration und der Register- oder Grundkonfiguration von Bedeutung. Die Maschinen-

6.2 Beschreibung des Verhaltens

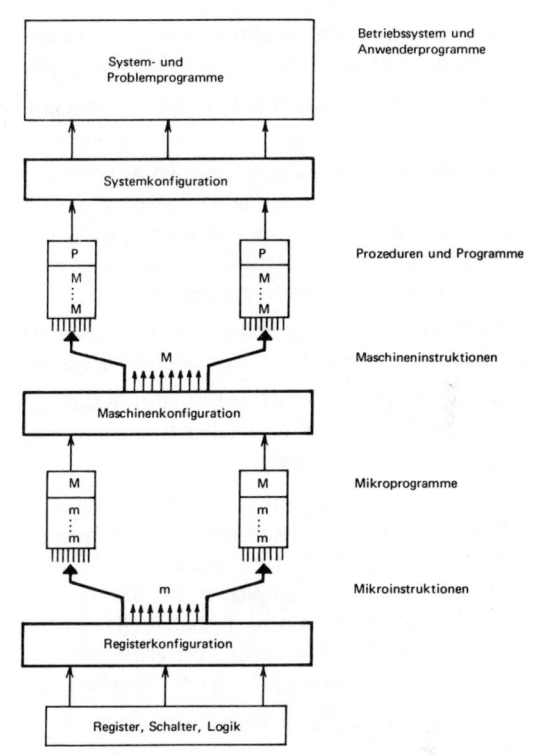

Abb. 6–28 Hierarchischer Aufbau eines Systems

instruktionen sind als komplexe Abläufe aufzufassen, die sich über Zeitintervalle erstrecken und durch Folgen von Mikrooperationen oder Mikroprogrammen realisiert werden.

Zur Beschreibung des Verhaltens des Systems auf der Ebene der Maschineninstruktionen wird angenommen:

1. Die in dem System verfügbaren Maschineninstruktionen sind in ihrer Gesamtheit spezifiziert und in einer *Instruktionsliste* zusammengefaßt.

2. Eine Folge von Maschineninstruktionen ist im Hauptspeicher gespeichert, sie stellt das auszuführende *Maschinenprogramm* dar.

3. Die Ausführung jeder Instruktion eines Programmes geht in zwei Phasen vor sich:

   — die *Instruktionsvorbereitung* umfaßt das Auslesen der Instruktion aus dem Hauptspeicher, die Dekodierung des Operationsteiles zur Feststellung, welche Operation auszuführen ist und die Bereitstellung der zur Ausführung erforderlichen Operanden aus dem Datenbereich des Hauptspeichers,

   — die *Instruktionsausführung* umfaßt die Ausführung der jeweiligen Operation innerhalb des Rechen- oder Steuerwerkes.

Im folgenden wird der prinzipielle Ablauf einer Maschineninstruktion als repräsentatives Beispiel innerhalb der in Abb. 6—14 festgelegten Konfiguration beschrieben.

Der Ablauf einer Maschineninstruktion wird am Beispiel der Operation MLT X beschrieben. Diese Multiplikationsoperation sei in der Weise bestimmt, daß der Inhalt der Speicherstelle X mit dem Inhalt des Datenregisters R2 multipliziert und das Resultat im Datenregister R3 abgespeichert wird. Bedeutet (X) den Inhalt der Speicherstelle X bzw. (R2) den Inhalt des Registers R2, so ist die Operation MLT X beschrieben durch: R3 ⇐ (X) mult (R2).

Für den Gesamtablauf der Maschineninstruktion ergeben sich die folgenden Schritte:

1. *Auslesen der Instruktion:* Der Inhalt des Instruktionsadreßregisters wird in das Speicheradreßregister transferiert und der Speicherzyklus gestartet.
   SAR ⇐ (IAR)

2. *Weiterzählen des Instruktionszählers:* Diese Operation zur Vorbereitung der nächsten Instruktion ist in dieser Konfiguration nur über das Rechenwerk und das Verteilerregister SRX durchführbar.
   SRX ⇐ add 1 IAR
   IAR ⇐ SRX

6.2 Beschreibung des Verhaltens

3. *Auslesen der Instruktion aus dem Speicher:* Nach dem Start des Speicherzyklus wird der Inhalt der adressierten Speicherstelle in das Speicherregister SDR und weiter in das Instruktionsregister IR abgespeichert.

   SDR ⇐ HSP(SAR)
   HSP(SAR) ⇐ SDR
   IR ⇐ SDR

Es wird angenommen, daß, falls die Information in der Speicherstelle beim Auslesen zerstört wurde, die ausgelesene Information innerhalb des Speicherzyklus wieder zurückgeschrieben wird.

4. Dekodierung des Operationsteiles der Instruktion und Ansteuerung des Operanden

   DEK = IR(OP)   Operationsteil an die Dekodiervorrichtung
   SRX ⇐ IR(ADR)   Adressenteil abgespeichert in Speicheradreßregister
   SAR ⇐ SRX

5. Auslesen des Operanden und Transfer in Datenregister

   SDR ⇐ HSP(SAR)   Auslesen des Operanden
   HSP(SAR) ⇐ SDR   Zurückschreiben des Operanden
   SRX ⇐ SDR   Transfer in Verteilerregister
   R1 ⇐ SRX   Transfer nach Register R1

Instruktionsausführung: Nachdem nun der Operand bereitgestellt ist, erfolgt die Instruktionsausführung

Zeit t	Schritt	Wege	Ausführung
0	SAR ⇐ IAR	14	Instruktionsadresse
	SRX ⇐ add 1 IAR	15, 22	Erhöhen der Instruktionsadresse 01
1	IAR ⇐ SRX	11	Rücktransfer Instruktionsadresse
	SDR ⇐ HSP(SAR)	2	Auslesen der Instruktion
2	HSP(SAR) ⇐ SDR	3	Wiedereinschreiben der Instruktion
	IR ⇐ SDR	4	Transfer in Instruktionsregister
3	DEK ⇐ IR(OP)	6	Dekodierung
	SRX ⇐ IR(AR)	7	Operandenadresse
4	SAR ⇐ SRX	13	Transfer nach Adressenregister
5	SDR ⇐ HSP(SAR)	2	Auslesen des Operanden
6	HSP(SAR) ⇐ SDR	3	Wiedereinschreiben
	SRX ⇐ SDR	5	Transfer in Verteilerregister
7	R1 ⇐ SRX	8	Operand nach R1
8 ff.	SRX ⇐ R1 mult R2		Ausführung der Multiplikation
n	R3 ⇐ SRX	10	Produkt nach R3

Abb. 6–29 Ablauf der Operation MLT X: R3 ⇐ X mult R2

6. R3 ⇐ R1 * R2   Ausführung der Multiplikation, die im einzelnen im folgenden Abschnitt beschrieben ist.

Eine Zusammenfassung dieser Schritte mit Bezug auf die erforderlichen Zeitabläufe und die Angabe der benötigten Wege und Steuersignale zeigt Abb. 6—29.

6.3 Operative Beschreibung

Die operative Beschreibung eines Systems kann analog zur Beschreibung der Struktur und des Verhaltens auf der Ebene der Systemkonfiguration, der Maschinenkonfiguration und der Registerkonfiguration gegeben werden.

Auf der Ebene der *Systemkonfiguration* ist der operative Ablauf des Systems weitgehend bestimmt durch den Ablauf und Durchlauf der einzelnen Programme. Er wird gesteuert durch das Betriebssystem der Anlage.

Auf der Ebene der *Maschinenkonfiguration* ist der operative Ablauf bestimmt durch den Transfer von Daten und Instruktionen und deren Ausführung innerhalb der Teilsysteme der Anlage. Der operative Ablauf ist im wesentlichen durch den Ablauf der Maschineninstruktionen innerhalb der Maschinenkonfiguration bestimmt.

Eine operative Beschreibung des Systems auf der Ebene der *Registerkonfiguration* erfordert schließlich die detaillierte Beschreibung des Informationsflusses innerhalb der Konfiguration. Die Beschreibung des operativen Ablaufes konzentriert sich daher auf die Bereitstellung der erforderlichen Steuersignale zur gegebenen Zeit an den zugeordneten Schaltergruppen.

Die Bereitstellung dieser Steuersignale erfolgt durch *Steuereinheiten* [vgl. 22; 23; 29; 59]. Da die Steuersignale im allgemeinen von großer Komplexität sind, ist es das Bestreben durch eine systematische Ordnung in den Operationsabläufen diese Steuereinheiten übersichtlich und überschaubar zu gestalten.

Bei der Bereitstellung von Steuersignalen ist zu unterscheiden zwischen

1. *statischen* Steuersignalen, die den Datenfluß innerhalb der Registerkonfiguration unmittelbar steuern durch das Öffnen und Schließen der den Registern zugeordneten Schaltergruppen.
2. Steuersignalen zur *Ablaufsteuerung,* die die Aufeinanderfolge der Einzelschritte bestimmen.

Verstehen wir unter einem Mikroprogramm zunächst in weitestem Sinne einen schrittweisen Programmablauf zur Ausführung einer komplexen Maschinenfunktion. Der Schwerpunkt in der Beschreibung des Programmablaufes kann entweder auf der Darstellung der erforderlichen statischen Steuersignale zur Durchführung des Informationstransfers zwischen den Registern der Konfiguration liegen oder in der Darstellung der Ablaufsteuerung.

Liegt der Schwerpunkt der Darstellung auf der Beschreibung des Informationstransfer zwischen den einzelnen Registern der Konfiguration durch die Bestimmung der erforderlichen statischen Steuersignale zum Öffnen und Schließen der den Registern zugeordneten Schaltergruppen, so sprechen wir von einer *horizontalen* Mikroprogrammierung. Diese Darstellung gibt eine detaillierte vollständige binäre Beschreibung durch die Angabe der Schaltglieder, der Register und Speicherelemente. Sie stellt die elementarste Beschreibungsebene eines Systems dar.

Liegt der Schwerpunkt der Darstellung auf der Beschreibung der Ablaufsteuerung, so erfolgt im wesentlichen die Angabe, in welcher Weise eine komplexe Funktion sich aus einfacheren Abläufen zusammensetzt. Es wird lediglich vorausgesetzt, daß alle elementaren Abläufe innerhalb einer Zeiteinheit ausführbar sind. In welcher Weise diese elementaren Abläufe innerhalb der Registerkonfiguration ausgeführt werden, wird zunächst nicht festgelegt. Diese Darstellung wird als *vertikales* oder *sequentielles* Mikroprogramm bezeichnet.

6.3.1 Vertikale Mikroprogrammierung

Alle in der bisherigen Darstellung verwendeten Mikroprogramme sind im Sinne der obigen Definition vertikale oder sequentielle Mikroprogramme. Sie beschreiben Folgen von elementaren Abläufen, die innerhalb einer Zeiteinheit ausführbar sind. Sie werden als *Mikrooperationen* bezeichnet.

Die Darstellung von Mikrooperationen kann durch eine detaillierte Angabe der Boole'schen Funktionen erfolgen. Sie kann ergänzt oder ersetzt werden durch Verwendung einer abkürzenden, symbolischen Schreibweise unter Verwendung von Operatoren, der Darstellung von Registerinhalten durch Namen und der Beschreibung der Steuer- und Zeitsignale durch Kontrollvariable. Die Gesamtoperationen werden beschrieben durch Ausführungsanweisungen.

Folgen von Mikrooperationen werden als *Mikroprogramme* bezeichnet. Zur Realisierung der Mikroprogramme sind grundsätzlich zwei Verfahren möglich:

1. Die Abspeicherung der Mikroprogramme in einem eigenen *Kontrollspeicher*. Analog zur Ausführung eines Maschinenprogrammes erfolgt die Ausführung der Mikroprogramme schrittweise durch Auslesen der Mikroinstruktionen aus dem Kontroll- oder Mikroprogrammspeicher. In einer anschließenden Ausführungsphase erfolgt die Ausführung der Verarbeitungsgänge.

Im Sinne eines hierarchischen Systemaufbaus (Abb. 6—28) bedeutet dies, daß die Registerkonfiguration und die Gesamtheit der Mikroprogramme eine elementare Maschine definieren, die unterhalb der Ebene der Maschinenkonfiguration liegt und zur Realisierung der Maschineninstruktionen verwendet wird. Diese Elementarmaschine innerhalb des Gesamtsystems ist für den Benutzer im allgemeinen weder sichtbar noch zugänglich.

2. Die Umsetzung der Mikroprogramme in eine *Schaltungsanordnung:* Da in dieser Darstellung die Mikrooperationen letztlich beschrieben sind durch Boole'sche Funktionen, liegt es nahe, die Mikroprogramme, die als Spezifikation komplexer Abläufe aufgefaßt werden, unmittelbar in eine Schaltungsanordnung von Registern, Speicherelementen und Ablaufsteuerungen zu übersetzen.

Zur Herleitung einer detaillierten Schaltungsanordnung ist es erforderlich, aus dem symbolischen Mikroprogramm die Bedingungen für die Generierung von Zeit- und Steuersignalen zur Steuerung der Zähler, Register und Speicherelemente herzuleiten. Die Realisierung dieser Steuerungen erfolgt durch kombinatorische Schaltnetze, die in geeigneter Form aus den verfügbaren Typen von Schaltgliedern aufgebaut werden.

Eine detaillierte Beschreibung dieser Aufgabenstellung wird in Abschnitt 6.4 gegeben.

6.3.2 Horizontale Mikroprogrammierung

Während bei vertikalen Mikroprogrammen der sequentielle Charakter im Vordergrund steht, werden bei horizontalen Mikroprogrammen der Informationsfluß innerhalb einer Konfiguration in einer sehr viel detaillierteren Darstellung betrachtet [vgl. 61; 69; 77].

Zusätzlich zu den Registern und Speicherelementen werden auch die zugehörigen Schaltergruppen mit den Steuersignalen im Detail festgelegt und als *Kontrollpunkte* innerhalb der Konfiguration aufgefaßt. Eine Mikroinstruktion ist bei dieser Betrachtung definiert als eine Kollektion von Steuersignalen. Jeder Position einer Mikroinstruktion wird ein Kontrollpunkt innerhalb der Konfiguration zugeordnet. Das Vorhandensein eines Steuersignales an diesem Kontrollpunkt wird durch den binären Wert „1", das Nicht-Vorhandensein durch den Wert „0" gekennzeichnet.

Eine Mikroinstruktion enthält alle erforderlichen Steuersignale zur Ausführung einer Mikrooperation. Das Mikroprogramm besteht aus einer Folge von Mikroinstruktionen. Horizontale Mikroprogramme werden in speziellen Speichereinheiten abgespeichert. Das gespeicherte Mikroprogramm kann als gespeicherte Logik in der Form gespeicherter Steuersignale aufgefaßt werden. Die Ausführung eines Mikroprogrammes erfolgt wieder als ein schrittweiser Vorgang. Die auszuführende Mikroinstruktion wird aus dem Speicher ausgelesen und in einem Register abgespeichert. Die Ausgänge dieses Registers sind direkt mit den zugeordneten Kontrollpunkten der Konfiguration verbunden. Die gespeicherten Steuersignale, die nun als Registerinhalte zur Verfügung stehen, veranlassen die Ausführung der entsprechenden Transfer- und Verarbeitungsoperationen.

Den grundsätzlichen Aufbau einer Konfiguration zur Realisierung einer horizontalen Mikroprogrammierung zeigt Abb. 6–30.

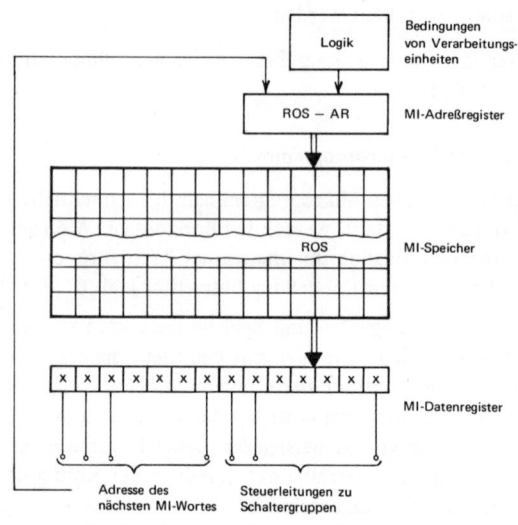

Abb. 6–30 Prinzip der Mikroprogrammierung

Die Konfiguration umfaßt:

1. einen *Mikroinstruktionsspeicher* ROS zur Abspeicherung der Mikroprogramme. Dieser Speicher ist häufig als Festwertspeicher aufgebaut, um einen möglichst schnellen Zugriff zu den abgespeicherten Mikroinstruktionen zu haben. Das Mikroinstruktionswort selbst besteht aus Kontrollfeldern zur Steuerung der zugeordneten Kontrollpunkte in der Maschinenkonfiguration und einem Adressenteil, der die Adresse der nächsten auszuführenden Mikroinstruktion bestimmt,

2. ein *Mikroinstruktionsadreßregister* (ROS-AR) wird zur Ansteuerung der jeweils auszuführenden Mikroinstruktion verwendet. Der Inhalt des Adreßregisters kann in Abhängigkeit von Ergeb-

nissen aus den Verarbeitungseinheiten modifiziert werden, so daß im Ablauf des Mikroprogrammes mehrfache Verzweigungen nach einer Mikroinstruktion möglich werden,

3. das *Mikroinstruktionsdatenregister* (ROS-DR) wird zur Abspeicherung der ausgelesenen Mikroinstruktion verwendet. Die Ausgänge dieser Register sind unmittelbar verknüpft mit den zugeordneten Kontrollpunkten der Konfiguration, z. B. Schaltergruppen. Der Adressenteil des Datenregisters enthält die Adresse der nächsten auszuführenden Mikroinstruktion. Sie wird nach Beendigung der Mikrooperation in das Adressenregister übertragen und veranlaßt das Auslesen der nächsten Mikroinstruktion.

Ein Beispiel eines horizontalen Mikroprogrammes für die in Abb. 6—14 gezeigte Konfiguration wird in Abschnitt 6.6 beschrieben.

6.3.3 Aufgabenstellungen der Mikroprogrammierung

Der Begriff Mikroprogrammierung wurde 1951 von M. V. Wilkes zur Beschreibung des Steuerungsablaufes in Rechenmaschinen eingeführt. Er beschreibt die Darstellung komplexer Abläufe auf der elementarsten Beschreibungsebene eines Systems, als Kombination von nicht weiter zerlegbaren Einzelschritten. Als vorteilhaft hat sich die Verwendung einer programmierbaren Beschreibung insbesondere im Zusammenhang mit den folgenden Aufgabenstellungen erwiesen:

1. *Darstellung asynchroner Abläufe:* Die zeitlichen Abläufe innerhalb eines komplexen Systems sind zwar im großen meist synchron, jedoch existieren innerhalb des Systems asynchrone Teilsysteme, beispielsweise arbeiten in vielen Systemen Arbeitsspeicher, zentrale und periphere Einheiten asynchron und unabhängig voneinander. Die Synchronisation dieser Teilsysteme erfolgt über Kanäle, die die entsprechenden Steuer- und Datenleitungen umfassen. Die Realisierung dieser Steuerungen erfolgt meist in einer Kombination von direkter Steuerung durch entsprechende Komponenten, wie Ringzähler, Steuerimpulsgeneratoren u. a. m. und einer programmierten Steuerung durch die Verwendung von Mikroprogrammen.

2. *Mehrfachausnutzung von Bauelementen:* In den meisten Systemen werden gewisse Baugruppen für völlig verschiedenartige Abläufe mehrfach verwendet. So werden etwa die Additionseinheiten zur Durchführung arithmetischer Operationen, jedoch auch zur Adressenmodifikation oder als Zwischenspeicher beim Transfer von Daten von den peripheren Einheiten zum Arbeitsspeicher verwendet. Diese Mehrfachausnutzung von Baugruppen erfordert einen zusätzlichen Steuerungsaufwand zur Unterscheidung, welche Operation ausgeführt werden soll, welche Funktion eine bestimmte Baugruppe im Rahmen eines übergeordneten Ablaufes zu übernehmen hat u. a. m.

3. *Parallelverarbeitung:* Die immer weiter fortschreitende Integration von logischen Funktionen durch die Verfügbarkeit integrierter Halbleiterbauelemente führt letztlich zu einem modularen Aufbau der zentralen Einheiten mit einer zunehmenden Zahl paralleler Abläufe. Zur Steuerung dieser parallelen, meist außerordentlich komplexen Abläufe ist eine Verteilung der Programmsteuerung auf mehrere parallel arbeitende Mikroprogramme in den verschiedenen Teilsystemen die Voraussetzung.

4. *Simulation und Emulation:* Ein weiteres Gebiet in dem Mikroprogrammierungstechniken in zunehmendem Maße Anwendung finden, ist die Simulation von Maschinenprogrammen auf Datenverarbeitungssystemen verschiedener Serien oder verschiedener Hersteller. Im Sinne eines hierarchischen Systemaufbaues kann diese Übersetzung auf verschiedenen Ebenen erfolgen. Es sei angenommen, daß für zwei Systeme A, B eine Darstellung auf der Ebene der System-, der Maschinen- und der Registerkonfiguration gegeben ist. Simulation von Maschine A in Maschine B bedeutet nach dieser Auffassung, daß die Maschinen- und Systemkonfiguration von A innerhalb des Systems B dargestellt werden muß. Diese Darstellung kann auf der Ebene der Maschinenkonfiguration von B erfolgen. Jede Maschineninstruktion von A ist durch entsprechende Maschineninstruktionen oder Maschinenprogramme von B gegeben.

Ist eine Darstellung der Maschineninstruktion von A im System B auch auf der Ebene der Registerkonfiguration durch Mikroprogramme möglich, so sprechen wir von einer *Emulation* des Systems A in dem System B [vgl. 61; 78].

Aufgabenstellungen dieser Art sind von zunehmender Bedeutung und hervorragend geeignet für die Verwendung von Mikroprogrammierungstechniken.

6.4 Die Umsetzung vertikaler Mikroprogramme in Schaltungsanordnungen

Vertikale Mikroprogramme beschreiben den sequentiellen Funktionsablauf in einer symbolischen Darstellung als Folge von Ausführungsanweisungen. Die Herleitung einer Schaltungsanordnung aus einem Mikroprogramm erfordert

1. Festlegungen über die verfügbaren Zeitsignale und Zeitintervalle.

2. Die Bereitstellung von Operations- und Steuersignalen zur Feststellung welche Mikroinstruktion zu welcher Zeit und zu welchen Bedingungen ausgeführt werden soll.

3. Die Spezifikation der zu verwendenden Speicherelemente und die Steuerung dieser Speicherelemente in Abhängigkeit von den im Mikroprogramm festgelegten Verarbeitungsschritten.

6.4.1 Erzeugung von Zeitsignalen

Alle Rechnersysteme verwenden einen Grundtakt, der mit Hilfe eines Oszillators erzeugt wird.

Der Informationstransfer zwischen Registern oder Speichereinheiten erfolgt synchron zu diesem Grundtakt, während die eigentlichen Verarbeitungsvorgänge zwischen zwei aufeinanderfolgenden Grundtakten ausgeführt werden. Jede Mikrooperation wird innerhalb eines Taktimpulses ausgeführt, während komplexere Abläufe die durch Mikroprogramme beschrieben werden, sich über mehrere Taktperioden, über *Zeitintervalle* erstrecken.

Die Bereitstellung von Zeitsignalen erfolgt durch die Verwendung mehrerer, gegeneinander zeitlich versetzter Taktfolgen, die aus dem Grundtakt abgeleitet werden oder durch Zähler, die aus dem Grundtakt durch Zählvorgänge Zeitsignale $t_0, t_1, \ldots t_n$ ableiten, die zur Festlegung von Zeitintervallen verwendet werden.

Bei der Erzeugung der Zeitsignale ist jedoch eine gewisse Flexibilität erforderlich, da bei der Ausführung der einzelnen Maschineninstruktionen unterschiedliche Anforderungen an die zeitlichen Abläufe auftreten.

Grundsätzlich können etwa die folgenden Anforderungen definiert werden:

1. es muß möglich sein, den Grundtakt an- oder abzuschalten, um beispielsweise asynchron arbeitende Einheiten wie Ein- und Ausgabeeinheiten steuern zu können,

2. aus dem Grundtakt müssen Zeitintervalle ableitbar sein, die sowohl periodisch zur Verfügung stehen oder nach Bedarf als einmalige zeitliche Abläufe zwischen die periodischen Zeitintervalle eingeschoben werden.

Ein Beispiel einer Anordnung zur Erzeugung von Zeitsignalen zeigt Abb. 6–31.

Sie besteht aus einem Oszillator, der eine Folge periodischer Rechteckimpulse bereitstellt. Sobald das Speicherelement ST1 gesetzt ist, stehen die Oszillatorimpulse als Grundtakt P1 und als verzögerter Grundtakt P2 zur Verfügung. Ein Zähler $D(0-3)$ erzeugt die periodischen Taktsignale $t_0 \ldots t_{15}$. Er wird gesteuert von einem weiteren Zähler $PC(0-1)$. Solange der Zähler PC den Stand $PC = 00$ zeigt, werden periodische Steuersignale bereitgestellt. Wird in Abhängigkeit von bestimmten Operationsabläufen das Steuersignal $c = 1$ erzeugt, so wird die Erzeugung periodischer Zeitsignale unterbrochen und eine einmalige Impulsfolge ausgegeben.

Eine detaillierte Beschreibung der Konfiguration und der Ablaufsteuerung zeigt Abb. 6–32.

Normalerweise ist der Zählerstand $PC = 0$, so daß der Ausgang $C_0 = 1$ und damit die Taktsignale $T(0)$ synchron zu den Oszillatorimpulsen P1 und synchron zu dem verzögerten Oszillatorimpuls P2 zur Verfügung stehen.

6.4 Die Umsetzung vertikaler Mikroprogramme

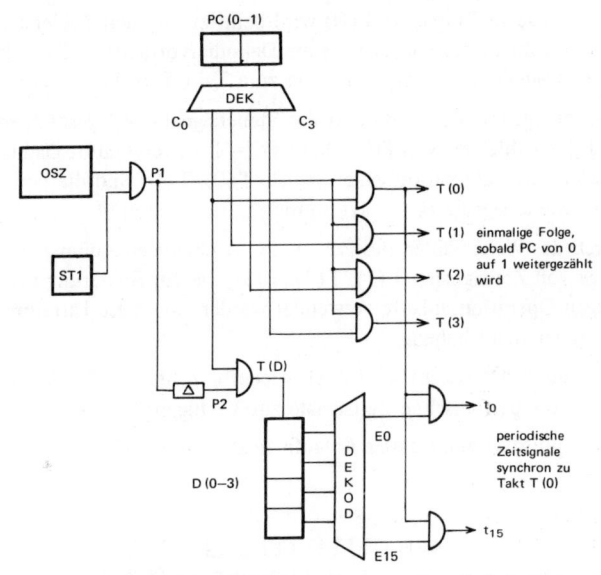

Abb. 6–31 Prinzipschaltbild zur Erzeugung von Zeitsignalen

```
TAKT         P;                      |Oszillator|
LAUFZEIT     Δ = K;                  |Verzögerungsglied|
REGISTER     ST 1                    |Speicherelement zur Steuerung
                                      des Oszillators|
TERMINAL     P1 = P · ST 1;          |Taktimpuls P1|
             P2 = Δ · P1;            |verzögerter Taktimpuls P2|
             T (D) = P2 · C0
REGISTER     PC (0–1);               |Zähler zur Taktsteuerung|
DEKODER      C (0–3) = PC;           |Dekoder für Zähler PC|
TERMINAL     T (0–3) = C (0–3) · P1; |Takte T (0) ... T (3)|
REGISTER     D (0–3);                |Zähler zur Erzeugung der
                                      Zeitsignale $t_0$ ... $t_{15}$|
DEKODER      E (0–15) = D;           |Dekodierung des Zählers D|
TERMINAL     t (0–15) = E · T (0);   |Zeitsignale $t_0$ ... $t_{15}$
                                      synchron zu T (0)|

Ablaufsteuerung:
    PC ⇐ 0;                          |Periodische Erzeugung der
    T (0):   D ⇐ add 1 D;             Zeitsignale $t_0$ ... $t_{15}$|

    c:       PC ⇐ add 1 PC;          |Unterbrechung und einmalige
    T (1):   PC ⇐ add 1 PC;           Bereitstellung der Zeitsignale
    T (2):   PC ⇐ add 1 PC;           T (1) ... T (3)|
    T (3):   PC ⇐ add 1 PC;
```

Abb. 6–32 Formale Beschreibung der Erzeugung von Zeitsignalen

6. Beschreibung komplexer Einheiten

Das verzögerte Taktsignal T(D) wird benutzt, um den Zähler D weiterzuzählen, der wieder über die Dekodiervorrichtung E(0–15) die Zeitsignale $t_0 \ldots t_{15}$ synchron zum Takt T(0) bereitstellt.

Wird zu irgendeinem Zeitpunkt das Steuersignal c = 1 gesetzt, so wird der Zähler PC von PC = 0 auf PC = 1 weitergezählt. Dadurch verschwinden die periodischen Signale T(0), T(D) und die periodischen Steuersignale $t_0 \ldots t_{15}$ werden unterbrochen.

Durch das Weiterzählen des Zählers PC erscheint eine einmalige Folge von Zeitsignalen T(1), T(2), T(3), die zur Steuerung derjenigen Operationsabläufe verwendet werden, die diese Unterbrechung veranlaßt haben.

Der Zähler PC erreicht schließlich wieder den Stand PC = 0, so daß erneut die periodischen Zeitsignale zur Verfügung stehen.

Ein Impulsdiagramm dieser Abläufe zeigt Abb. 6–33.

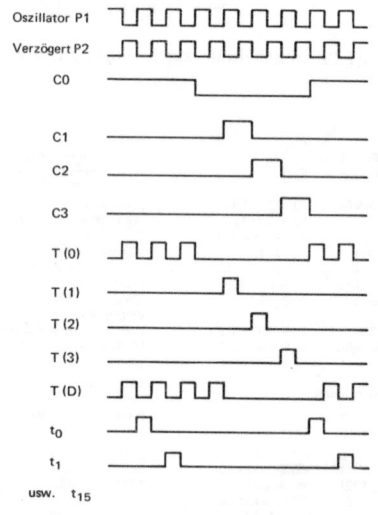

Abb. 6–33 Impulsdiagramm zur Erzeugung von Zeitsignalen

6.4.2 Erzeugung von Operationssignalen

Neben der Bereitstellung von Zeitsignalen, die die Festlegung von Zeitintervallen ermöglichen, ist die Bereitstellung von Operations- und Steuersignalen erforderlich. Operationssignale bestimmen, welche Maschineninstruktion ausgeführt wird. Sie werden durch eine Dekodierung des Operationsteiles der auszuführenden Maschineninstruktion ermittelt. Die Bereitstellung der Operationssignale erfolgt im Rahmen der *Instruktionsvorbereitung* (I-Phase) nach dem Auslesen der auszuführenden Maschineninstruktion.

Innerhalb der sich anschließenden *Instruktionsausführung* (E-Phase) erfolgt die Auswahl des zugeordneten Mikroprogrammes. Die Ausführung der einzelnen Schritte erfolgt unter Verwendung eines Mikroinstruktionszählers, der in Verbindung mit Takt und Zeitsignalen die erforderlichen Steuersignale bereitstellt.

Der wesentliche Steuerungsaufwand liegt in der Bereitstellung der Mikroinstruktionszählersteuerung, die auf Grund der Vielfalt der Abläufe von außerordentlicher Komplexität ist. Aus diesem Grunde wird eine weitgehende Systematisierung der Abläufe angestrebt.

Eine Prinzipdarstellung einer Anordnung zur Erzeugung der Operations- und Steuersignale zeigt Abb. 6-34. Innerhalb dieser Anordnung ist der Mikroinstruktionszähler durch das Register F gegeben. Nach der Dekodierung des Operationsteiles erfolgt im Rahmen der Instruktionsvorbereitung das Setzen des zugeordneten Operationsspeichers OP, der die weitere Ausführung der auszuführenden Instruktion steuert. Der Mikroinstruktionszähler F wird auf eine bestimmte Anfangsstellung gesetzt. Die Steuerung der Operationsabläufe erfolgt durch das Schaltnetz ST-GEN, das alle erforderlichen Steuersignale zur Ausführung der einzelnen Verarbeitungsschritte bereitstellt. Das Weiterschalten des Mikroinstruktionszählers F erfolgt durch das Schaltnetz OP-ST, das in Verbindung mit den dekodierten Operationssignalen und Steuerimpulsen aus dem Steuerimpulsgenerator ST-GEN das entsprechende Weiterschalten des Mikroinstruktionszählers veranlaßt.

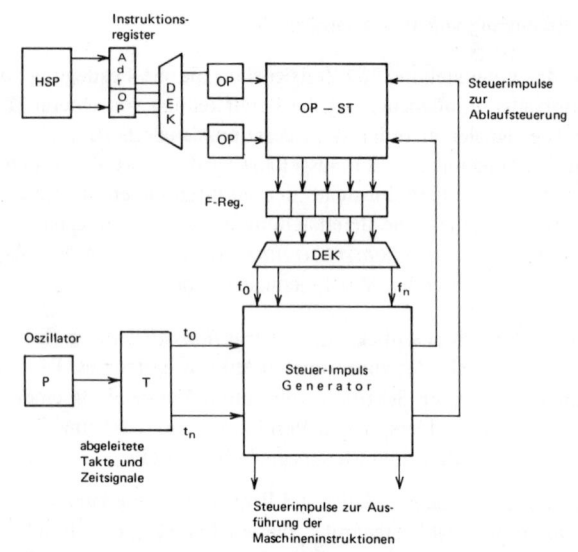

Abb. 6-34 Prinzipdarstellung zur Erzeugung der Operations- und Steuersignale

6.4.3 Binäre Beschreibung der Mikrooperationen

Mikroprogramme stellen eine Folge von Ausführungsanweisungen dar, die festlegen, unter welchen Voraussetzungen die einzelnen Mikroinstruktionen ausgeführt werden. Die Mikroinstruktionen beschreiben in symbolischer Form, welche Verarbeitungsschritte ausgeführt werden. Die Operanden sind durch Registerinhalte, Speicherelemente u. a. m. gegeben.

Zur Herleitung einer Schaltungsanordnung aus dem Mikroprogramm sind die folgenden Schritte erforderlich:

1. Die Umsetzung der Mikroinstruktionen in *Anwendungsgleichungen*. Alle Operanden innerhalb einer Mikroinstruktion sind Inhalte von Speicherelementen. Ferner ist vorausgesetzt, daß alle Verarbeitungsvorgänge innerhalb einer Zeiteinheit ausgeführt werden. Unter

6.4 Die Umsetzung vertikaler Mikroprogramme

der Voraussetzung, daß alle komplexen Operatoren, die innerhalb der Mikroinstruktionen auftreten, wie z. B. add, shr, circl usw. zurückgeführt sind auf Boole'sche Funktionen, läßt sich die allgemeinste Form einer Mikroinstruktion für diesen Zweck der Darstellung ausdrücken in der Form:

$$c \cdot t_i: \quad Q \Leftarrow OP(A, B, C, \ldots Q) \; ;$$

Aus dieser Darstellung ist jedoch unmittelbar die zugehörige Anwendungsgleichung für das Speicherelement Q ableitbar in der Form:

$$Q^{t+1} = (g_1 \cdot Q + g_2 \cdot \bar{Q})^t$$

Unter der Voraussetzung, daß das entsprechende Steuersignal $c = 1$ vorliegt, wird dieser Verarbeitungsschritt zur Zeit t_i ausgeführt.

2. Nach der Spezifikation der zu verwendenden Speicherelemente sind nach dem im Abschnitt 4.2 dargestellten Verfahren die *Eingangsgleichungen* zu bestimmen, die das zugehörige Schaltnetz festlegen [vgl. 28; 30].

Betrachten wir als Beispiel eine Ausführungsanweisung in der Form:

$$c \cdot t: \quad Y \Leftarrow X \; ;$$

Diese Ausführungsanweisung entspricht einer Anwendungsgleichung für das Speicherelement Y, die für den Fall, daß das Steuersignal $c = 1$ zur Zeit t ausgeführt werden soll. Die Darstellung in der Form einer Anwendungsgleichung $Q^{t+1} = (g_1 \cdot Q + g_2 \cdot \bar{Q})^t$ ergibt:

$$Y^{t+1} = X^t = (X \cdot Y + X \cdot \bar{Y})^t$$

Wie in Abschnitt 4.2 dargestellt, sind nach Festlegung der charakteristischen Gleichungen für die zu verwendenden Speicherelemente X, Y die Eingangsgleichungen für das Speicherelement Y zu bestimmen.

Nehmen wir an, daß für die Speicherelemente X, Y Triggerelemente verwendet werden, so gilt als charakteristische Gleichung $Q^{t+1} = (\bar{T} \cdot Q + T \cdot \bar{Q})^t$.

Nach Gleichsetzung mit der Anwendungsgleichung $Q^{t+1} =$
$= (g_1 \cdot Q + g_2 \cdot \bar{Q})^t$ folgt für den Eingang T des Speicherelementes Q
die allgemeine Bedingung $T_0 = (\bar{g}_1 \cdot Q + g_2 \cdot \bar{Q})$. Die Anwendung dieses
Verfahrens auf die Ausführungsanweisung $c \cdot t : Y \Leftarrow X$ ergibt daher

$$T_Y = (\bar{X} \cdot Y + X \cdot \bar{Y}) \cdot c \cdot t$$

Eine Darstellung als Blockdiagramm zeigt Abb. 6–35.

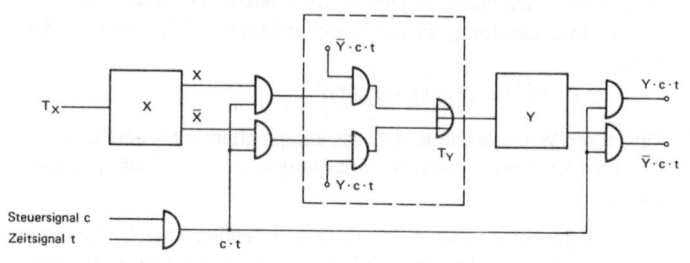

Abb. 6–35 Prinzipdarstellung des Schaltbildes für die Ausführungsanweisung $c \cdot t : Y \Leftarrow X$

Zu jeder Ausführungsanweisung eines Mikroprogrammes kann auf diese Weise das zugehörige Verarbeitungsschaltnetz bestimmt werden, das die Verarbeitung der gespeicherten Information und die Abspeicherung des Ergebnisses veranlaßt.

Auf Grund der außerordentlich großen Zahl von Mikroprogrammschritten, die in einer Rechenanlage erforderlich sind, stellt die Umsetzung dieser Verarbeitungsschritte in Schaltungsanordnungen einen außerordentlich komplexen Prozeß dar. Er erfolgt in mehrfachen Iterationen und erfordert die Berücksichtigung zusätzlicher Forderungen beispielsweise im Zusammenhang mit dem Änderungsdienst der Entwicklungsunterlagen und der Erstellung von Fertigungsunterlagen.

Um diese zusätzlichen Forderungen zu bewältigen, werden in zunehmendem Maße spezielle Programmsysteme zur Entwurfsverarbeitung eingesetzt, auf die im Rahmen dieser Darstellung jedoch nicht eingegangen werden kann.

6.5 Beispiel für die Umsetzung von Mikroinstruktionen in Schaltungsanordnungen

In diesem Abschnitt wird auf der Grundlage der oben beschriebenen Verfahren der Entwurf eines Rechenwerkes skizziert. Innerhalb einer einfachen Grundkonfiguration werden für die Maschineninstruktionen ADD, SUB die entsprechenden vertikalen Mikroprogramme bestimmt und eine Umsetzung dieser Mikroprogramme in eine Schaltungsanordnung skizziert.

6.5.1 Beschreibung der Konfiguration

Die Konfiguration enthält einen Hauptspeicher (HSP) mit einem Adressen- und Datenregister, einem Parallel-Rechenwerk mit einem Akkumulatorregister A, einer Überlaufanzeige ÜL und einem Vorzeichenspeicher S zum Vergleich der Vorzeichen der Operanden. Das Steuerwerk besteht aus einer Anzahl von Operationsspeichern OP, die durch die Dekodierung des Operationsteiles einer Maschineninstruktion gesetzt werden (Abb. 6–36).

Der Operationsablauf wird durch ein Operationsregister F gesteuert. In Verbindung mit den entsprechenden Zeitsignalen werden die Steuerimpulse zur Ausführung der einzelnen Mikrooperationen und zur Steuerung des Operationsregisters F durch die Schaltnetze ST-GEN und OP-ST bereitgestellt. Ein Speicherelement I wird zur Darstellung der Start-/Stop-Operationen verwendet.

Zahlendarstellung und algorithmisches Verfahren: Die Zahlendarstellung ist gegeben durch die Festlegung des Vorzeichens und durch Angabe des Absolutbetrages. Operanden und Ergebnis sind beschrieben durch

Vorz.Absolutbetrag

Operanden $A = A_0 A_1 A_2 \ldots A_n$
$X = X_0 X_1 X_2 \ldots X_n$
Ergebnis $Z = Z_0 Z_1 Z_2 \ldots Z_n$

Die Operationen, die ausgeführt werden, sind die algebraische Addition $Z = A + X$ und die Subtraktion $Z = A - X$. Der Ope-

Abb. 6–36 Konfiguration

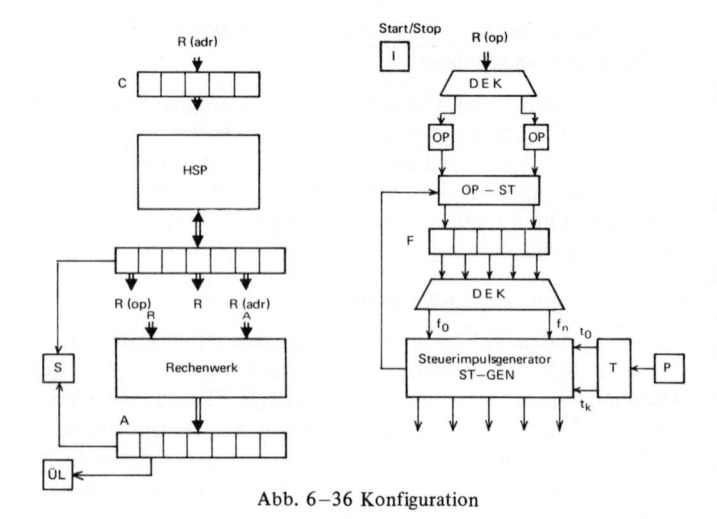

rand X sei der Inhalt einer Speicherstelle, während der Operand A durch den Inhalt des Akkumulators dargestellt wird.

Zur Realisierung dieser Operationen stehen die Mikrooperationen $Z = X$ add Y und $Z = X$ sub Y zur Verfügung, die in einem binären Paralleladdierwerk realisiert werden. Negative Zahlen werden innerhalb der Mikrooperationen durch 2-Komplemente dargestellt.

Die Aufgabe besteht nun darin, die Maschineninstruktionen ADD, SUB darzustellen durch die verfügbaren Mikrooperationen add, sub, u. a. m. Dabei ist zu berücksichtigen, daß die Vorzeichen der Operanden X, Y die auszuführende Operation festlegen, daß eine etwaige Umwandlung der in Komplementdarstellung gegebenen Operanden in eine Darstellung durch Vorzeichen und Absolutbetrag durchgeführt werden muß, daß etwaige Überläufe abgespeichert werden u. a. m.

Beispiele und eine zusammenfassende Darstellung dieser Analyse zeigt Abb. 6–37.

6.5 Beispiel für die Umsetzung von Mikroinstruktionen

algebr. Operat.	Op.-Speich. G	Vorzeichen Operanden	Vorz. Speich. S	ausgeführte Operation	Vorz. Res.	Überlauf
ADD	0	$A_0 = X_0$	0	$Z = A + X$	A_0	0 1 Überlaufanzeige
	0	$A_0 \neq X_0$	1	$Z = A - X$	A_0	0 1 Rekomplement.
SUB	1	$A_0 \neq X_0$	0	$Z = A - X$	A_0	0 1 Rekomplement.
	1	$A_0 = X_0$	1	$Z = A + X$	A_0	0 1 Überlaufanzeige

```
Beispiel: Vorzeichen  +5  0 0 1 0 1        Vorzeichen   +5  0 011 0 1
          gleich      +9  0 1 0 0 1        ungleich     −9  1 0 1 1 1
                     +14  0 1 1 1 0                         1 1 1 0 0
                                           Rekomplement.    1 0 0 1 1
                                                                   +1
                                                            1 0 1 0 0
```

Abb. 6-37 Analyse der algebraischen ADD-/SUB-Operation

Für diese Analyse ist angenommen, daß die Maschineninstruktionen ADD, SUB gekennzeichnet sind durch den Inhalt des Operationsspeichers G.

In Abhängigkeit vom Vorzeichen der Operanden wird der Vorzeichenspeicher S gesetzt. Dadurch ist die auszuführende binäre Operation bestimmt.

Es wird weiter angenommen, daß das Resultat wieder in dem Register A abgespeichert wird, so daß das Vorzeichen des Resultates in der Registerstelle A_0 abgespeichert werden muß.

Das Auftreten etwaiger Überläufe steuert das Setzen einer Überlaufanzeige oder die Durchführung der entsprechenden Rekomplementierungsoperationen bei negativem Ergebnis.

6.5.2 Erstellung eines Mikroprogrammes für die Operationsausführung

Durch diese Analyse ist der Ablauf der Maschineninstruktionen ADD, SUB im Detail festgelegt. Zur Darstellung dieser Abläufe in der Form eines Mikroprogrammes und eines Flußdiagrammes wird angenommen, daß der Ablauf durch ein Operationsregister F gesteuert wird. Nach jedem Programmschritt wird das Operationsregister entweder weitergezählt oder neu eingestellt.

128 6. Beschreibung komplexer Einheiten

Unter der Annahme, daß die Operanden in den Registern R und A bereits zur Verfügung stehen, ergibt sich für die Ausführungsphase dieser Maschineninstruktionen das in Abb. 6−38 dargestellte Mikroprogramm. Das zugehörige Flußdiagramm zeigt Abb. 6−39.

Inhalt des Operationsregisters F	Programmschritt	
f_1:	$R \Leftarrow HSP(ADR)$, $F \Leftarrow f_2$;	Lesen des Operanden
f_2:	$S \Leftarrow \bar{R}_1 \cdot A_1 + R_1 \cdot \bar{A}_1$, $F \Leftarrow f_3$;	Vorzeichenvergleich
f_3:	IF $(\bar{G} \cdot \bar{S} + G \cdot S = 1)$ THEN $F \Leftarrow f_4$ ELSE $F \Leftarrow f_5$;	Addition Subtraktion
f_4:	$A \Leftarrow A$ add R, IF $(\bar{A}_0 = 1)$ THEN $F \Leftarrow f_9$ ELSE $F \Leftarrow f_7$;	Ausführung binäre Addition kein Überlauf, Operationsende Überlauf
f_5:	$A \Leftarrow A$ sub R, IF $(\bar{A}_0 = 1)$ THEN $F \Leftarrow f_9$ ELSE $F \Leftarrow f_7$;	Ausführung binäre Subtraktion Operationsende Überlauf
f_6:	$\text{ÜL} \Leftarrow 1$, $F \Leftarrow f_9$;	Überlaufanzeige setzen Operationsende
$f_7 \cdot t_1$:	$A_1 \Leftarrow \bar{A}_1$;	Vorzeichenwechsel
$f_7 \cdot t_2$:	$R \Leftarrow A$, $A \Leftarrow 0$, $F \Leftarrow f_8$;	Transfer von A nach R Löschen A
f_8:	$A \Leftarrow A$ sub R, $F \Leftarrow f_9$;	Rekomplementierung
f_9:	$OPE \Leftarrow 1$;	Operationsende

Abb. 6−38 Mikroprogramm für algebraische Addition und Subtraktion

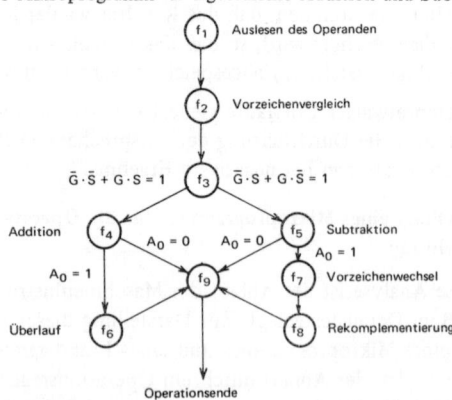

Abb. 6−39 Zustandsdiagramm des Operationszählers für Addition und Subtraktion

6.5.3 Erstellung eines Mikroprogrammes für die Instruktionsvorbereitung

Zur Beschreibung der prinzipiellen Abläufe der *Instruktionsvorbereitung* wird ein Speicherelement I zur Steuerung der Start-Stop-Operationen verwendet. Das Speicherelement I leitet die Operationen der Konfiguration ein, sobald ein Startsignal vorliegt und beendet sie bei Vorhandensein eines Stopsignales.

Innerhalb der Instruktionsvorbereitung erfolgt das Auslesen der nächsten Maschineninstruktion aus dem Hauptspeicher zur Ausführung. Nach dem Auslesevorgang der Instruktion in das Speicherregister R erfolgt die Übertragung des Operationsteiles in das Operationsregister, während der Adressenteil der ausgelesenen Instruktion in das Adressenregister C übertragen wird, mit gleichzeitiger Zwischenspeicherung des Adressenregisters im Adressenteil des Speicherregisters.

Der Inhalt des Operationsregisters veranlaßt schließlich die Ausführung der Instruktion. Nach dem Operationsende erfolgt das Weiterzählen des Adressenregisters zur Ansteuerung der nächsten Instruktion, bis schließlich ein Stop-Signal den Ablauf unterbricht.

Eine Darstellung dieser Abläufe in der Form eines Mikroprogrammes zeigt Abb. 6–40.

Start-Stop-Steuerung	f_{10}:	IF (I = 1) THEN (F $\Leftarrow f_{11}$) ELSE (F $\Leftarrow f_{10}$, C $\Leftarrow$ 0);	
I-Phase	f_{11}:	R $\Leftarrow$ HSP (C), IF (I = 1) THEN F $\Leftarrow f_{12}$ ELSE F $\Leftarrow f_{10}$;	Auslesen der Instruktion
	f_{12}:	F $\Leftarrow$ R (OP), C $\Leftarrow$ R (ADR), R (ADR) $\Leftarrow$ C;	Operationsteil aus Register F Adressenteil nach C-Reg Zwischenspeicherung C-Register
E-Phase:	f_1:	R $\Leftarrow$ HSP (C), C $\Leftarrow$ R (ADR); . . .	Auslesen des Operanden Zwischenspeicherung des Instruktionsregister
	f_2:	. . .	Ausführung Addition
	f_9:	C $\Leftarrow$ add 1 C, F $\Leftarrow f_{11}$;	Weiterzählen Instr.Register

Abb. 6–40 Instruktionsvorbereitung für den Gesamtablauf einer Maschineninstruktion

Eine Darstellung dieser Abläufe als Zustandsdiagramm zeigt Abb. 6–41.

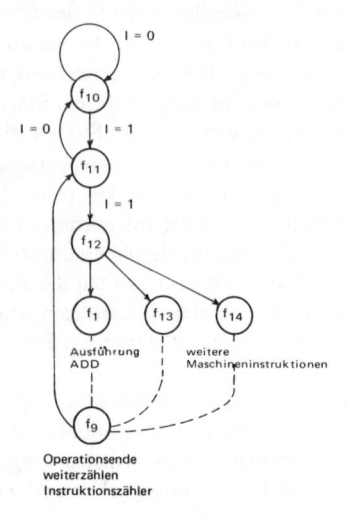

Abb. 6–41 Zustandsdiagramm für den Gesamtablauf einer Maschineninstruktion

6.5.4 Binäre Beschreibung des Mikroprogrammes

Zur Übersetzung des Mikroprogrammes in eine Schaltungsanordnung von Schaltgliedern und Speicherelementen ist es erforderlich, die zu verwendenden Speicherelemente festzulegen, die Zustände des Operationszählers zu kodieren und die innerhalb des Mikroprogrammes auftretenden Mikrooperationen im Detail zu beschreiben.

Für die Mikrooperationen der binären Addition und Subtraktion ist zunächst das anzuwendende algorithmische Verfahren zu bestimmen. Es wird im folgenden angenommen, daß diese Operationen in zwei Zeitschritten ausgeführt werden. Im ersten Schritt zur Zeit t_1 erfolgt die Bildung der Halbsumme, zur Zeit t_2 erfolgt

6.5 Beispiel für die Umsetzung von Mikroinstruktionen

in einem zweiten Schritt die Berücksichtigung der Überträge bei der Addition bzw. der Vorträge bei der Subtraktion. Eine zusammenfassende Darstellung dieser Operationen zeigen die Abb. 6–42 und Abb. 6–43.

binäre Addition

A_i B_i	S_i	$Ü_{i+1}$
0 0	0	0
0 1	1	0
1 0	1	0
1 1	0	1

```
A  0 0 1 0 1
B  0 1 1 0 1
   ───────────
   0 1 0 0 0   Halbsumme
   1 1 0 1 0   Überträge
   ───────────
   1 0 0 1 0   Summe
```

$a \cdot t_1$: $A_i \Leftarrow A_i \cdot \bar{B}_i + \bar{A}_i \cdot B_i$ Bildung der Halbsumme

$a \cdot t_2$: $A_i \Leftarrow \bar{A}_i \cdot Ü_{i-1} + A_i \cdot \bar{Ü}_{i-1}$ Überträge aus Stelle i−1

$U_i = B_i \cdot A_i + U_{i-1} \cdot A_i$ Bereitstellung der Überträge für Stelle i+1

Abb. 6–42 Binäre Addition

binäre Subtraktion

A_i B_i	D_i	R_{i+1}
0 0	0	0
0 1	1	1
1 0	1	0
1 1	0	0

```
A  0 0 1 0 1
B  0 1 0 0 1
   ───────────
   0 1 1 0 0   Halbsumme D
   1 0 0 0 0   Vorträge R
   ───────────
   1 1 1 0 0
  −16   +12  = −4
```

$s \cdot t_1$: $A_i \Leftarrow A_i \cdot \bar{B}_i + \bar{A}_i \cdot B_i$ Halbsumme

$s \cdot t_2$: $A_i \Leftarrow R_{i-1} \cdot \bar{A}_i + \bar{R}_{i-1} \cdot A_i$ Vorträge aus Stelle i−1

$R_i = B_i \cdot A_i + R_{i-1} \cdot \bar{A}_i$ Bereitstellung des Vortrages für Stelle i+1

Abb. 6–43 Binäre Subtraktion

Nach Spezifikation der Speicherelemente A_i, B_i als Triggerelemente ergibt sich schließlich die Spezifikation der Akkumulatorstufe A_i mit der Eingangsgleichung

$$T_{A_i} = t_1 \cdot (a + s) \cdot B_i + t_2 \cdot (a + s) \cdot C_{i-1}$$

$$C_i = Ü_i + R_i = t_2 \cdot B_i (a \cdot \bar{A}_i + s \cdot A_i) + t_2 \cdot C_{i-1} \cdot (a \cdot A_i + s \cdot \bar{A}_i) \,,$$

wobei a das Steuersignal für Addition bedeutet (Zählerstand f_4) und s für Subtraktion (Zählerstand f_5). Übertrag $Ü_i$ und Vortrag R_i sind zusammengefaßt zu einer Variablen C_i.

Das zugehörige Schaltbild für die Akkumulatorstufe zeigt Abb. 6–44.

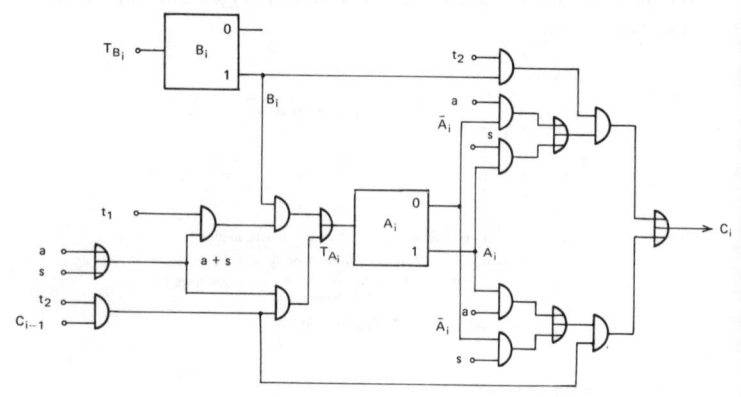

Abb. 6–44 Akkumulatorstufe für Addition und Subtraktion

Die Wahl einer geeigneten Kodierung der Zählerstellungen ermöglicht im Zusammenhang mit der Gesamtheit der Maschineninstruktionen die Festlegung der Operationssteuerung.

6.6 Die Speicherung von Steuersignalen in Mikroprogrammspeicherung

Horizontale Mikroprogramme beschreiben den Steuerungsablauf durch die Abspeicherung von Steuersignalen in Kontrollspeichern. Alle für die Ausführung einer Mikrooperation erforderlichen Steuersignale sind in einer Mikroinstruktion zusammengefaßt.

Nach dem Auslesen einer Mikroinstruktion und der Abspeicherung in einem Mikroinstruktionsspeicherregister (Abb. 6–45) veranlassen die ausgelesenen Steuersignale die unmittelbare Ausführung der zugeordneten Verarbeitungsgänge. Innerhalb eines Mikroinstruktionswortes ist weiter die Adresse der nächsten Mikroinstruktion gespeichert. Nach einer eventuellen Modifikation dieser Adresse in Abhängigkeit von den Resultaten der durchgeführten Verarbeitungs-

6.6 Die Speicherung von Steuersignalen in Mikroprogrammspeicherung

schritte, wird durch einen Transfer dieser Adresse in das Mikroinstruktionsadreßregister die Ausführung der nächsten Mikroinstruktion vorbereitet.

Eine detaillierte Betrachtung dieser Abläufe erfordert weitere Festlegungen über die zeitlichen Abläufe innerhalb der Ausführung einer Mikroinstruktion, wobei die Registerkonfiguration aus Abschnitt 6.1, Abb. 6–14, als Beispiel zugrundegelegt wird.

6.6.1 Festlegung eines Mikroinstruktionszyklus

Die Verarbeitungsvorgänge innerhalb der Registerkonfiguration setzen sich zusammen aus Transferoperationen der Operanden zu den Verarbeitungseinheiten und einer erneuten Abspeicherung der Ergebnisse in Speichern oder Registern.

Eine weitere Systematisierung der Abläufe innerhalb der Registerkonfiguration wird erreicht, dadurch, daß für die einzelnen Teilschritte

1. Auslesen der Mikroinstruktion aus dem Kontrollspeicher,

2. Transfer der Registerinhalte zum Rechenwerk,

3. Abspeicherung der Ergebnisse im Verteilerregister,

4. Rücktransfer der Ergebnisse in die Datenregister,

5. Adressierung der nächsten Mikroinstruktion

gewisse Zeitintervalle festgelegt werden, die in ihrer Gesamtheit den *Mikroinstruktionszyklus* bilden. Eine Darstellung dieses Instruktionszyklus für die Konfiguration in Abschnitt 6.1 zeigt Abb. 6–45.

Innerhalb der einzelnen Zeitschritte finden die folgenden Abläufe statt:

1. Im Zeitintervall t_0 erfolgt das Auslesen des Mikroinstruktionswortes aus dem Mikroprogrammspeicher in das MI-Datenregister ROS-DR. Die Adresse der ausgelesenen Instruktion ist im MI-Adreßregister ROS-AR gespeichert. Am Ende des Zeitintervalles t_0 stehen die ausgelesenen Steuersignale aus dem Register ROS-DR an den zugeordneten Kontrollpunkten zur Verfügung.

6. Beschreibung komplexer Einheiten

Mikroinstruktions-Zyklus

1. Auslesen der Mikroinstruktion nach ROS—DR — t_0 Steuersignale verfügbar
2. Transfer der Registerinhalte zu dem RW — t_1 REG → RW
3. Resultate nach dem Verteilerregister — t_2 Löschen SRX, RW → SRX, Setzen SRX
4. Rücktransfer der Resultate in Register — t_3 SRX → REG
5. Adressierung der nächsten Mikroinstruktion — t_4 Modifikation ROS—AR

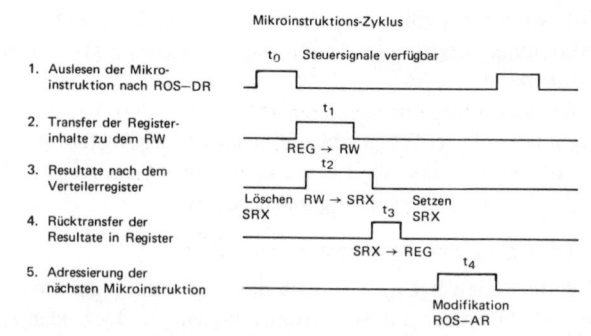

Abb. 6—45 Zeitlicher Ablauf innerhalb eines Mikroinstruktionszyklus

2. Im Zeitintervall t_1 erfolgt die Ausgabe der Registerinhalte an die Eingänge des Rechenwerkes RW-LA und RW-RA. Die Registerinhalte stellen die Operanden dar. Steuersignale an zusätzlichen Kontrollpunkten legen fest, welche Operationen ausgeführt werden, z. B. Komplementbildung.

3. Im Zeitintervall t_2 erfolgt zu Beginn das Löschen des Verteilerregisters SRX. Nach Beendigung der Verarbeitungsvorgänge im Rechenwerk erfolgt am Ende dieses Zeitintervalles die Abspeicherung der Ergebnisse im Verteilerregister SRX.

4. Während des Zeitintervalles t_3 erfolgt der Rücktransfer des Inhaltes des Verteilerregisters SRX in die jeweiligen Datenregister.

5. Im Zeitintervall t_4 erfolgt die Vorbereitung zum Auslesen der nächsten Mikroinstruktion, worauf sich der Zyklus für die nächste Mikroinstruktion wiederholt.

Die detaillierte Festlegung dieser zeitlichen Überlegungen ist abhängig von der Art und Geschwindigkeit des Mikroprogrammspeichers, der auszuführenden Verarbeitungsoperationen innerhalb des Zyklus u. a. m. [vgl. 61; 80].

6.6.2 Beispiel eines Mikroprogrammes

Zur Darstellung des Ablaufes eines Mikroprogrammes innerhalb einer Konfiguration wird die Beschreibung der Multiplikationsoperation aus Abb. 6–29 fortgesetzt.

Auf Grund der in Abschnitt 6.2.3 getroffenen Festsetzungen führt die Multiplikationsoperation MLT X als Maschineninstruktion zu dem Ergebnis R3 ⇐ R1 mlt R2. Die Operanden in den Datenregistern R1, R2 werden multipliziert und das Produkt in dem Register R3 abgespeichert. Als Vereinfachung sei angenommen, daß die n-stelligen Operanden in R1, R2 so gewählt sind, daß das Produkt in dem n-stelligen Register R3 abgespeichert werden kann.

Als Multiplikationsverfahren wird eine wiederholte Addition verwendet, wobei der Inhalt von R1 den Multiplikator bedeutet. Das Verfahren ist dargestellt in Abb. 6–46.

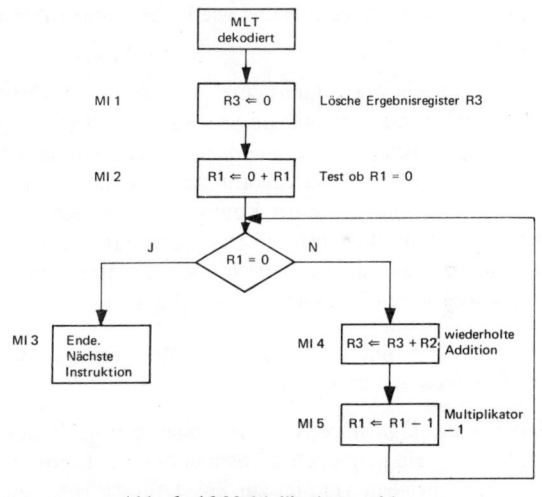

Abb. 6–46 Multiplikationsverfahren

Als ein sequentielles oder vertikales Mikroprogramm ist der in Abb. 6–46 gezeigte Algorithmus beschrieben durch das Programm in Abb. 6–47.

6. Beschreibung komplexer Einheiten

f_1:   R3 ⇐ 0,   Löschen Register R3
       F ⇐ f_2;

f_2:   R1 ⇐ R1 add R3,   Binäre Addition
       F ⇐ f_3;

f_3:   IF (R1 = 0) THEN (F ⇐ f_6)   Test ob R1 = 0
                     ELSE (F ⇐ f_4);

f_4:   R3 ⇐ R2 add R3,   Wiederholte Addition
       F ⇐ f_5;

f_5:   R1 ⇐ subl R1,   Multiplikator − 1
       F ⇐ f_3;

f_6:   Operationsende;

Abb. 6−47 Vertikales Mikroprogramm für Multiplikation

Dieses Mikroprogramm stellt eine algorithmische Beschreibung des Multiplikationsablaufes dar, wobei die Aufeinanderfolge der Operationen gesteuert wird mit Hilfe eines Operationszählers F. Die Bereitstellung der Steuersignale zur Herstellung der erforderlichen Datenwege erfordert jedoch zusätzlich die Umsetzung dieses Programmes in eine Schaltungsanordnung wie in Abschnitt 6.5 dargestellt wurde.

Die Darstellung dieses Algorithmus durch ein horizontales Mikroprogramm erfordert die unmittelbare Spezifikation aller Steuersignale, die erforderlich sind, um innerhalb der festgelegten Konfiguration eine Ausführung dieses Algorithmus zu ermöglichen. Dazu ist eine genaue Kenntnis der in der Konfiguration vorhandenen Register, Verarbeitungseinheiten und Datenwege erforderlich. Zusätzlich sind die Operationsabläufe in die dem Mikroinstruktionszyklus zugrundegelegten Zeitintervalle einzufügen.

Auf dieser Grundlage sind für die einzelnen Mikroinstruktionen die folgenden Überlegungen notwendig.

MI 1: Löschen des Ergebnisregisters. Innerhalb des MI-Zyklus erfolgt zur Zeit t_2 ein periodisches Löschen des Verteilerregisters SRX mit anschließendem Transfer zur Zeit t_3 in das spezifizierte Datenregister. Die Spezifikation des MI-Wortes erfolgt in der Weise, daß jedem Steuersignal ein fester Platz zugewiesen ist, wobei „0" bedeutet, das Steuersignal liegt nicht vor, „1" bedeutet das Steuersignal liegt vor.

6.6 Die Speicherung von Steuersignalen in Mikroprogrammspeicherung

Da innerhalb der MI 1 lediglich das gelöschte Verteilerregister SRX in das Datenregister R3 transferiert werden soll, muß lediglich das Steuersignal h = 1 gesetzt werden. Daraus erfolgt die in Abb. 6–46 gezeigte Spezifikation der MI 1. Als nächste Mikroinstruktion wird die Instruktion MI 2 ausgeführt.

MI 2: Diese Instruktion hat die Aufgabe festzustellen, ob der *Multiplikator* in R1 möglicherweise *Null* ist, entweder zu Beginn oder zu Ende der Multiplikation. Die Ausführung erfolgt innerhalb der festgelegten Zeiten in der Weise, daß zur

Zeit t_1: Das Steuersignal b = 1 das Auslesen des Registerinhaltes von R1 an den Eingang des Rechenwerkes RW-LA veranlaßt.

Zeit t_3: Das Steuersignal a = 1 das Zurücksetzen des Registerinhaltes von SRX als Ergebnis der Addition in das Register R1 veranlaßt.

Zeit t_4: Die Bereitstellung der Adresse für die Auswahl der nächsten Mikroinstruktion erfolgt. Dabei ist zu beachten, daß innerhalb des Rechenwerkes eine festeingebaute Kontrollvorrichtung existiert, die prüft, ob der Inhalt des Verteilerregisters gleich Null ist. Ist dies der Fall, wird ein Speicherelement FF2 gesetzt, das durch das Steuersignal p abgefragt werden kann. Durch dieses Steuersignal wieder ist eine Modifikation bei der Auswahl der Adresse der nächsten Mikroinstruktion möglich.

Das Mikroinstruktionswort für die Instruktion MI2 enthält daher die Steuersignale b = 1, a = 1 und p = 1. Ist der Inhalt des Speicherelementes FF2 = 1, so ist die nächste Mikroinstruktur MI3, anderenfalls MI4.

MI 4: Innerhalb dieser Mikroinstruktion erfolgt die *Durchführung* der *Additionsoperation* R3 ⇐ R2 + R3. Die erforderlichen Steuersignale sind zur

Zeit t_1: Die Steuersignale e = 1 und k = 1 veranlassen das Auslesen der Registerinhalte in das Rechenwerk.

Zeit t_3: Das Steuersignal h = 1 veranlaßt den Rücktransfer des Resultates in das Register R3, die nächste Mikroinstruktion ist MI5.

MI 5: Diese Mikroinstruktion steuert das *Abzählen* des *Multiplikators*. Die erforderlichen Steuersignale sind zur

Zeit t_1: c = 1 und m = 1 veranlassen die Durchführung der Subtraktion um eine Einheit durch eine Komplementbildung.

Zeit t_3: Die Steuersignale a = 1 veranlaßt den Rücktransfer des Resultates aus dem Verteilerregister SRX in das Datenregister R1.

Zeit t_4: Das Steuersignal p = 1 veranlaßt eine Prüfung, ob der Inhalt des Verteilerregisters Null ist, falls FFZ = 1, ist die nächste Mikroinstruktion MI3, falls FF2 = 0 jedoch MI4.

MI 3: Ist das Datenregister R1 = 0, so bedeutet dies, daß entweder der Multiplikator gleich Null ist oder die Multiplikation ist beendet. Das Mikroprogramm wird mit dem Start eines neuen Verarbeitungszyklus beginnen und als nächste Mikroinstruktion die entsprechende Speicherstelle im Mikroprogrammspeicher ansteuern.

Mikroinstr.		t_1 REG ⇒		t_2 RW ⇒	t_3		t_4	
		RW – RA	RW ← LA	SRX	SRX ⇒ REG		nächste MI.	
symb.	kod.	cfk	bejt	mi	adhxyz	np	FFZ = 0	FFZ = 1
MI 1	0000	000	0000	00	001000	00	1100	- - - -
MI 2	1100	000	1000	00	100000	01	0010	0011
MI 4	0010	001	0100	00	001000	00	0100	- - - -
MI 5	0100	100	0000	10	100000	01	0010	0011
MI 3	0011	xxx	xxxx	xx	xxxxxx	xx	Operationsende Vorbereitung nächst. MI	

Abb. 6–48 Mikroprogramm für Multiplikation

Auf Grund dieser Analyse ist der Ablauf der Multiplikation innerhalb der festgelegten Konfiguration bestimmt. Abb. 6–48 zeigt das sich ergebende Mikroprogramm, das in dem Mikroprogrammspeicher abgespeichert wird.

Die Kodierung der Adresse der Mikroinstruktionen im Mikroprogrammspeicher kann weitgehend willkürlich festgelegt werden, da die Adresse der nächsten auszuführenden Mikroinstruktion Bestandteil der gespeicherten Mikroinstruktion ist. Um jedoch bei bedingten Verzweigungen eine möglichst einfache Modifikation der Mikroinstruktionsadresse durchführen zu können, wird die Kodierung so gewählt, daß diejenigen Mikroinstruktionen, die auf Grund der Erfüllung oder Nichterfüllung einer Bedingung alternativ ausgeführt werden, sich nur in einer Bitposition unterscheiden. Die innerhalb der Verarbeitungseinheiten bereitgestellten Signale werden daher unmittelbar zur Modifikation der Mikroinstruktionsadresse verwendet und in die entsprechenden Bitpositionen eingeführt.

Für den einfachen Fall dieser Multiplikationsoperation trifft diese Modifikation der MI-Adresse für die MI3 und MI4 zu. Der im Speicherelement FFZ abgespeicherte Wert wird unmittelbar in die niedrigstwertige Stelle der Mikroinstruktionsadresse eingegeben und veranlaßt die etwaige Verzweigung des Programms.

6.6.3 Funktionale Kodierung des Mikroinstruktionswortes

In der Darstellung des Mikroprogrammes für die Multiplikation wurde jedes Steuersignal, das innerhalb der festgelegten Konfiguration eine bestimmte Funktion ausführt, explizit angegeben. Die Gesamtheit der Steuersignale kann aber nach gewissen Funktionen zu Gruppen oder Feldern zusammengefaßt werden.

Diese Zusammenfassung erlaubt eine symbolische Darstellung der Einzeloperationen z. B. durch Angabe der Operation und durch die symbolische Kennzeichnung der Operanden. Sie ermöglicht eine weitere Kodierung dieser Steuersignale innerhalb einer Gruppe oder eines Feldes, so daß eine weitere Verkürzung des Mikroinstruktionswortes erreicht werden kann, allerdings auf Kosten zusätzlicher Dekodierungen.

Innerhalb der in Abb. 6–14 gewählten Konfiguration ist die folgende funktionelle Zusammenfassung der Steuersignale möglich:

1. *Registertransfer zum Rechenwerk:* Alle Operationen, die innerhalb des Zeitintervalles t_1 den Transfer von Registerinhalten zu den Eingängen des Rechenwerkes veranlassen, werden wie folgt kodiert:

Zeit	Steuer-signal	Operation	x x	Feld RA
t_1	c	R1 → RW – RA	0 1	
	f	R2 → RW – RA	1 0	
	k	R3 → RW – RA	1 1	
		NOP	0 0	keine Operation

			x x x	Feld LA
t_1	b	R1 → RW – LA	0 0 1	
	e	R2 → RW – LA	0 1 0	
	j	R3 → RW – LA	0 1 1	
	t	IAR → RW – LA	1 0 0	
		NOP	0 0 0	

Abb. 6–49 Registertransferoperationen

2. *Rechenwerkoperationen:* Neben den Registertransferoperationen sind in der dargestellten Konfiguration die speziellen Rechenwerkoperationen der Übertrageingabe und der Komplementbildung vorgesehen.

Zeit	Steuer-signal	Operation		Kodierung	Feld Ü
t_2	i = 0	NO – Ü	REG → RW – RA	0	kein Übertrag
	i = 1	Ü	+1 → RW – RA	1	Übertrag +1
	m = 0	NO – K	REG → RW – LA	0	K
	m = 1	K	$\overline{REG}$ → RW – LA	1	Komplementbildung

Abb. 6–50 Rechenwerkoperationen

3. *Transfer von Verteilerregister zu Datenregister:* Das Feld SRX beschreibt alle Transferoperationen aus dem Verteilerregister in die Datenregister.

Zeit	Steuer-signal	Operation	Kodierung	Feld x x x SRX
t_3	a	SRX → R1	011	
	d	SRX → R2	010	
	h	SRX → R3	001	
	x	SRX → IAR	100	
	y	SRX → SAR	101	
	z	SRX → SDR	110	
		NOP	000	

Abb. 6–51 Verteilerregister

4. *Bestimmung der nächsten Mikroinstruktion:* Die in dem Mikroinstruktionswort festgelegte Adresse der nächsten auszuführenden Mikroinstruktion kann in Abhängigkeit von gewissen Bedingungen modifiziert werden. Innerhalb der gegebenen Konfiguration erfolgt

6.6 Die Speicherung von Steuersignalen in Mikroprogrammspeicherung

eine Modifikation entweder, sobald der Inhalt des Verteilerregisters gleich Null ist, oder das Vorzeichen negativ ist. Ist der Inhalt SRX = 0, so wird das Speicherelement FFZ gesetzt auf FFZ = 1, ist das Vorzeichen negativ, so wird das Speicherelement FF-S auf den Wert 1 gesetzt. Bei Vorhandensein der Steuersignale p bzw. n erfolgt die Modifikation der Mikroinstruktionsadresse.

Zeit	Steuer-signal	Operation	Feld $\boxed{x}$ B – ZERO
t_4	p = 0	NO – BZ	keine Verzweigung. Nächste MI-Adresse in ROS – AR
	p = 1	B – ZERO	Falls SRX = 0 erfolgt Verzweigung
t_4	n = 0	NO – BS	Feld $\boxed{x}$ B – SIGN
	n = 1	B – SIGN	Falls Vorzeichenstelle in SRX negativ erfolgt Verzweigung

Abb. 6–52 Nächste Mikroinstruktion

Auf Grund dieser Festlegungen ergibt sich für den Aufbau der kodierten Mikroinstruktion das in Abb. 6–53 gezeigte Format.

```
         t1                        t2              t3              t4
Feld  x x   x x x    x    x     x x x   x   x    x x x x

      c 0 1  b 0 0 1   i = 0  m = 1   a 0 1 1   p = 0  n = 0
      f 1 0  e 0 1 0   i = 1  m = 1   d 0 1 0   p = 1  n = 1
      k 1 1  j Q 1 1                  h 0 0 1
      NOP 0 0 t 1 0 0  Über-  Kompl.  x 1 0 0   Verzweigungs-
                       trag                      operationen
            NOP 0 0 0                 y 1 0 1
                                      z 1 1 0
                                      NOP 0 0 0

      Transfer zum     Rechenwerk-    Transfer zu    Nächste MI-Adresse
      Rechenwerk       operationen    Register von
                                      Verteilerreg.
```

Abb. 6–53 Mikroinstruktionsformat

Durch diese funktionale Kodierung des Mikroinstruktionswortes wird eine Verkürzung des Formates erreicht und eine symbolische Darstellung der Mikrooperationen ermöglicht, wie in Abb. 6–54 dargestellt.

	t_1		t_2		t_3	t_4	
MI 1:	NOP	NOP	NO–Ü	NO–K	SRX → R3	NO–BZ	NO–BS	MI 2
MI 2:	R1 → RW–LA	NOP	NO–Ü	NO–K	SRX → R1	B–ZERO	NO–BS	MI 4/MI 3
MI 4:	R2 → RW–LA	R3 → RW–RA	NO–Ü	NO–K	SRX → R3	NO–BZ	NO–BS	MI 5
MI 5:	NOP	R2 → RW–RA	NO–Ü	KOMP	SRX → R1	B–ZERO	NO–BS	MI 4/MI 3

Abb. 6–54 Symbolische Darstellung des Mikroprogrammes für Multiplikation

Die konsequente Weiterführung der funktionalen Kodierung des Mikroinstruktionswortes führt letztlich wieder zu einer symbolischen Darstellung der Mikrooperationen, wobei alle parallel ausführbaren Operationen in einer Mikroinstruktion zusammengefaßt sind. Der sequentielle Ablauf der Mikroinstruktionen ist jedoch durch die Bestimmung der nächsten Mikroinstruktionsadresse und durch den Zugriff zum Mikroprogrammspeicher bestimmt. In diesem Sinne stellt daher auch ein horizontales, in einer symbolischen Schreibweise dargestelltes Mikroprogramm wieder ein sequentielles Mikroprogramm dar. Die Unterscheidung zu einem vertikalen Mikroprogramm liegt darin, daß bei einem horizontalen Mikroprogramm die Konfiguration im Detail festgelegt und die sequentielle Folge bestimmt wird durch die gespeicherten Programmschritte.

Bei einem vertikalen Mikroprogramm hingegen ist die Konfiguration nicht im Detail festgelegt. Zusätzlich besteht in der Wahl der sequentiell auszuführenden Schritte eine größere Freiheit, da nicht die einschränkende Bedingung des Mikroprogrammspeicherzugriffes gegeben ist.

Anhang: Grundbegriffe der Programmierung

In diesem Abschnitt werden Grundbegriffe der Programmierung zusammengefaßt, wie sie zur Darstellung in Kapitel 6 verwendet werden [vgl. 9].

Begriff	Form	Bedeutung
1. *Zeichen*		
große Buchstaben	A, B, ... Z	Namen von Speicherelementen und Registern
kleine Buchstaben	a, b, ... z	Namen von Steuersignalen
Ziffern	0, 1, ... 9	
Operatoren	+	logisches ODER
	·	logisches UND

Anhang: Grundbegriffe der Programmierung

Begriff	Form	Bedeutung
	⊕	logisches exclusives ODER
	⊙	logische Äquivalenz
	⇐	Transferoperator
	( )	Klammern
	, , /	Trennungszeichen
	add sub usw.	arithmetische Operationen
2. *Namen*	Folgen von Buchstaben und Ziffern	Namen werden benutzt zur Darstellung von Variablen, Feldern und Marken
3. *Zahl*	Binär oder Dezimal	wie üblich, jedoch nur Binärzahlen in Festkommadarstellung verwendet
4. *Variable*	Name	Binäre Variable, dargestellt durch Speicher und Registerinhalte
5. *Felder*	Name	Variable, die gleichartig behandelt werden, werden zu einer Einheit zusammengefaßt und durch Indizierung gekennzeichnet
6. *Indizierte Variable*	Name (Liste von Ausdrücken)	Bezeichnet Element eines Feldes
7. *Marke*	Name	Verwendet zur Kennzeichnung von Anweisungen und zur Darstellung von Kontrollvariablen
8. *Ausdruck*	Anordnung von Operatoren, Operanden und Konstante nach festgelegten Regeln	Boole'sche Ausdrücke beschreiben durch Boole'sche Operatoren Arithmetische Ausdrücke durch arithmetische Operatoren
9. *Wertzuweisung*	Variable ⇐ ⇐ Ausdruck	Abspeicherung des Wertes eines Ausdruckes in dem durch den Namen festgelegten Speicherelement
10. *Vereinbarung*	Typ (Liste von Variablen)	Liste von Variablen mit evFeldbegrenzung
	REGISTER	Register und Speicherelemente
	TERMINAL	Boole'sche Funktionen

Begriff	Form	Bedeutung
11. *Bedingte Anweisung*	IF (Boole'scher Ausdruck) THEN (Anweisung 1) ELSE (Anweisung 2)	Bei Erfüllung der Bedingung Ausführung von Anweisung 1, sonst Ausführung von Anweisung 2
12. *Sprunganweisung*	GO TO (Marke)	Nächste Anweisung gekennzeichnet durch Marke
13. *Ausführungsanweisung*	Marke: Anweisung, Bedingte Anweisung, Sprunganweisung	Marke als Kontrollvariable aufgefaßt. Ist Wert der Kontrollvariable „1", wird die Anweisung ausgeführt
14. *Programm*	BEGIN Folge von Vereinbarungen, durch Semikolon getrennt Folge von Ausführungsanweisungen, durch Semikolon getrennt END	

Literatur

Die folgenden Literaturhinweise sind geordnet nach Buchpublikationen und Veröffentlichungen in Zeitschriften. Es sind lediglich einige Titel aufgeführt, die in einem sachlichen Zusammenhang mit Themenstellungen dieses Buches stehen.

Buchpublikationen 1. *Grundlagen*

[1] Abramson, N.: Information Theory and Coding, New York 1963.
[2] Bauer, F. L., J. Heinhold, K. Samelson und R. Sauer: Moderne Rechenanlagen, Stuttgart·1964.
[3] Bauer, F. L. und G. Goos: Informatik, Erster und zweiter Teil. Berlin, Heidelberg, New York 1971.
[4] Berge, C.: The theory of graphs and its applications. New York
[5] Birkhoff, G.: A survey of Modern Algebra. New York 1953.
[6] Davis, M.: Computability and Unsolvability. New York 1956.
[7] König, D.: Theorie der endlichen und unendlichen Graphen. Leipzig 1936.
[8] Minski, M. L.: Computation: Finite and infinite machines. Englewood Cliffs, N. J. 1967.
[9] Steinbuch, K. (Hrsg.): Taschenbuch der Nachrichtenverarbeitung. 2. Auflg. Berlin, Heidelberg, New York 1967.
[10] Zemanek, K.: Elementare Informationstheorie. München 1959.

2. *Endliche Automaten*

[11] Arbib, M. A.: Algebraic theory of machines, languages and semigroups. New York 1968.
[12] Booth, T. L.: Sequential machines and automata theory. New York 1967.
[13] Böhling, K. H. und K. Indermark: Endliche Automaten I. Mannheim 1969.
[14] –: Endliche Automaten II. Mannheim 1969.
[15] Gill, A.: Introduction to the theory of finite state machines. New York 1962.
[16] Ginsburg, S.: An Introduction to Mathematical Machine Theory. Reading, Mass. 1962.
[17] Gluschkow, W. M.: Theorie der abstrakten Automaten. Berlin 1963.
[18] Hartmanis, J. and R. E. Stearns: Algebraic Structure Theory of Sequential Machines. Englewood Cliffs, N. J. 1966.
[19] Hotz, G. und H. Walter: Automatentheorie und formale Sprachen. Mannheim 1969.
[20] Moore, E. F.: Sequential Machines, Selected Papers. Reading, Mass. 1964.
[21] Nelson, R. J.: Introduction to automata. New York 1968.

3. Schaltwerke und logischer Entwurf von Rechenanlagen

[22] Caldwell, S. H.: Switching Circuits and Logical Design. New York 1958. Deutsche Ausgabe: Der logische Entwurf von Schaltkreisen. München 1964.
[23] Chu, Y.: Introduction to Computer Organization. Englewood Cliffs, N. J. 1970.
[24] —: Digital Computer Design Fundamentals. New York 1962.
[25] Flores, I.: Computer Design. New York 1967.
[26] Maley, G. A. und J. Earle: The Logic Design of Transistor Digital Computers. Englewood Cliffs, N. J. 1963.
[27] McCluskey und T. C. Bartee (edts): A Survey of Switching Circuit Theory. New York 1962.
[28] Miller, R. E.: Switching theory vol. I and vol. II. New York 1965.
[29] Phister, M.: Logical Design of Digital Computers. New York 1960.
[30] Torng, H. C.: Introduction to the Logical Design of Switching Systems. Reading, Mass. 1964.
[31] Schulte, D.: Kombinatorische und sequentielle Netzwerke, Grundlagen und Anwendungen der Automatentheorie. München 1967.

Einzelaufsätze und Veröffentlichungen in Zeitschriften

1. Grundlagen

[32] Burks, A. W. und H. Wang: The logic of automata. In: J. Assoc. Comp. Mach. vol. 4, pp. 193–218, 279–297, 1957.
[33] Kleene, S. C.: Representation of events in nerve nets and finite automata. In: C. E. Shannon und J. McCarthy (ed): Automata studies Princeton N. J. 1956.
[34] McNaughton, R.: The theory of automata, a survey. In: F. L. Alt (ed): Advances in computers vol. 2, pp. 379–421. New York 1961.
[35] Neumann, J. v.: The General and Logical Theory of Automata from Celebral Mechanism in Behaviour. New York 1951.
[36] Sheffer, H.: A set of five independent Postulates for Boolean Algebras with applications to logical constants. In: Trans. Am. Math. Soc. 5, XIV, pp. 481–488.
[37] Turing, A.: On Computable Numbers with Applications to the Entscheidungsproblem. In: Proc. London Math. Soc. 42, 1936, ibid. 43, 1937.
[38] Veitch, E. W.: A Chart Method for Simplifying Truth Functions. In: Proc. Pittsburg Assoc. Comp. Mach. May 1952.

2. Endliche Automaten

[39] Aufenkamp, D. D., S. Seshu und F. E. Hohn: The Theory of Nets. IRE Transactions on Electronic Computers, EC–6, Sept. 1957.
[40] Böhling, K. H.: Netzwerke-Schaltwerke-Automaten, Ein Überblick über die synchrone Theorie. In: 2. Kolloquium über Schaltkreis- und Schaltwerktheorie. Basel 1963.

[41] Händler, W.: Zur praktischen Durchführung von Reduktionsverfahren nach Paull, Unger und Ginsburg. In: 2. Kolloquium über Schaltkreis- und Schaltwerktheorie. Basel 1963.

[42] Hartmanis, J.: Symbolic Analysis of a Decomposition of Information Processing Machines. Information and Control vol. 3. June 1960.

[43] Krohn, K. B. und J. C. Rodes: Algebraic theory of machines. In: Proceedings of the symposium on mathematical theory of automata, pp. 341–384, New York 1962.

[44] Lee, Y. Y.: Automata and finite automata. In: Bell System techn. J. vol. 39, pp. 1267–1295, 1960.

[45] Moore, E. F.: Gedankenexperiments on sequential machines. In: C. E. Shannon and J. McCarthy (ed): Automata Studies, Princeton, N. J. 1956.

[46] Petri, C. A.: Kommunikation mit Automaten. Schriftenreihe der Rhein. Westf. Institutes für Instr. Math. der Univ. Bonn, Nr. 2, 1962.

[47] Rabin, M. O. und D. Scott: Finite Automata and their Decision Problems. IBM Journal of Res. & Dev. vol. 3, 1959.

3. Schaltwerke

[48] Gill, A.: Comparison of finite state machines models. In: IRE Trans. vol. CT–7, pp. 178–179, 1960.

[49] Hartmanis, J.: On the state assignment problem for sequential machines. In: IRE Trans. vol. EC–Lo, pp. 157–165, 1961.

[50] Huffmann, D. A.: The Synthesis of Sequential Switching Circuits. In: Journal of the Franklin Institute, vol. 257, Nr. 3, 161–190 und No. 4, pp. 275–303. 1954.

[51] McClusky, E. C.: Fundamental Mode and Pulse Mode Sequential Circuits. Information Processing 62, Amsterdam 1963.

[52] Mealy, G. H.: A Method for Synthesizing Sequential Circuits. In: Bell Systems Technical Journal, vol. 34, No. 5 (Sept. 1955) pp. 1045–79;

[53] Paull, M. C. und S. H. Unger: Minimizing the Number of States in incompletely specified Sequential Switching Functions. In: IRE Trans- actions and Electronic Computers, vol. EC–8, No. 3 (Sept. 1959) pp. 356–67.

[54] Reed, I. S.: Mathematical structure of sequential machines. In: E. J. McClusky and T. C. Bartee (ed): A survey of switching circuit theory, pp. 187–196, New York 1962.

[55] Seshu, S.: Mathematicals models for sequential machines. In: IRE Natl. Conv. Record vol. 7, pt. 2, pp. 4–16, 1959.

[56] Seshu, S, R. E. Miller und G. Metze: Transition matrice of sequential machines. In: IRE Trans., vol. CT–6, pp. 5–12, 1959.

[57] Shannon, C. E.: A Symbolic Analysis of Relay and Switching Circuits. In: Trans. AIEE, vol. 57, 1938.

Zusätzliche Literaturhinweise zu Band II

Buchpublikationen:

[58] Buchholz, W.: Planning a computer system. New York 1962.
[59] Hellermann, H.: Digital Computer Principles. New York 1967.
[60] Hennie, F. C.: Finit state models for logical machines. New York 1968.
[61] Husson, S.: Microprogramming, Principles and Practices. Englewood Cliffs 1970.
[62] Klir, G. J.: An approach to general systems theory. New York 1969.
[63] –: Introduction to methodology of logic and switching circuits. New York 1971.
[64] Unger, S. H.: Asynchronous sequential switching circuits. New York 1969.
[65] Ware, W.: Digital Computer Technology and Design. New York 1963.
[66] Wickes, W. E.: Logic Design with Integrated Circuits. New York 1968.

Einzelaufsätze:

[67] Friedmann, A. D. and D. R. Menen: Synthesis of asynchronous sequential circuits with multiple input changes. In: IEEE Trans. Vol. C-17 nr. 6 (1968) pp. 559–566.
[68] Friedmann, A. D. and S. C. Yang: Methods used in an Automatic logic design generator (ALERT). In: IEEE Trans. on computers vol. C-18 nr. 7 (July 1969) pp. 593–614.
[69] Gerace, G. B.: Microprogrammed control for computing systems. In: IRE Trans. EC–12 (1963) pp. 733–747.
[70] Glantz, H. T.: A note on microprogramming. In: J. of ACM 3, No. 2 (April 1956) pp. 77–84.
[71] Lawson, H. W.: Programming language oriented instruction streams. In: IEEE Trans. C–17 (1968) pp. 476–485.
[72] McGee, W. C. and H. E. Peterson: Microprogram control for the experimental sciences. In: Proc. AFIPS 1965 Fall Joint Comput. Conf., vol. 27, pp. 77–91.
[73] Melbourne, A. J. and J. M. Pugmire: A small computer for the direct processing of FORTRAN statements. In: Computer J. 8 (1965) pp. 24–27.
[74] Roth, J. P.: Systematic Design of automata. 1965 Fall Joint Computer Conf. AFIPS Proc. vol. 27, Part I, pp. 1093–1100.
[75] Schlaeppi, H. P.: A journal language for describing modern logic timing and sequencing (LOTIS). In: IEEE Trans. on Computers, vol. EC–13 (August 1964) pp. 439–448.
[76] Stevens, W. Y.: The structure of the system 360. Part II: Systems implementation. In: IBM Syst. J. 3 (1964) pp. 136–143.
[77] Tucker, S. G.: Microprogram control for system /360. In: IBM Syst. J. 6 (1967) pp. 222–241.

[78] Tucker, S. G.: Emulation of large systems. In: Comm. of ACM 8, No. 12 (December 1965) pp. 753–761.

[79] Weber, H.: A microprogrammed implementation of EULER on IBM 360/30. In: Comm. ACM 10 (1967), pp. 549–558.

[80] Wilkes, M. V.: The growth of interest in microprogramming – a literature survey. In: Comp. Surveys ACM 1 (Sept. 69) pp. 139–145.

[81] –: The best way to design an automatic calculating machine. Manchester University Computer Inaugural Conference, 16–18 (July 1951).

[82] Wilkes, M. V. and J. B. Stringer: Microprogramming and the design of the controlcircuits in an electronic digital computer. In: Proceedings of the Cambridge Philosophical Society 49, Part 2 (1953) pp. 230–238.

Sachwortverzeichnis

Adressenregister 81
Algorithmische Darstellung
– von Operationsabläufen 79, 102
Analyse
– asynchroner Schaltwerke 10
Anwendungsgleichungen 122
Äquivalenzdefinition 24
Arithmetische Mikrooperationen 100
Ausdruck 95
Ausführungsanweisung 96
Ausgabeschaltnetz 8
Automaten
–, endliche 58
–, unvollständig definierte 43

Bedingte Mikrooperationen 98
Betriebssystem 74, 75, 106
Blockdiagramm 79

Datenregister 81
Datenverarbeitungssystem 73
Datenwege 83
Dekodierungsvorrichtung 86

Eingabeschaltnetz 8
Eingangsgleichungen 123
Einzelimpulserzeugung 46
Emulation 116
Endklasse 24, 43

Fehlverhalten 9
– asynchroner Schaltwerke 26
Fehler, transiente 9
Flußdiagramm 79, 101
Funktionale Kodierung 139

Gespeicherte Logik 113

Hasard
–, dynamischer 28, 31
–, essentieller 32, 37
–, statischer 28
Hierarchischer Systemaufbau 112

IF . . THEN Anweisung 98
Impuls-Zeit-Diagramm 14, 18, 19
Informationsverarbeitung 78
Instruktionsausführung 108, 109, 121
Instruktionsvorbereitung 108, 121, 129
Instruktionszähler 102

Kennsatz 96
Klasseneinteilung
– von Zuständen 24
Kodierung, binäre 53
Kombinationsdiagramm 23
Kombination
– von Zeilenzuständen 22
Komparator 86
Komplementer 86
Kontrollpunkt 113
Kontrollspeicher 112, 133
Kontrollvariable 112

Laufbedingung
–, nicht kritische 28
–, kritische 28
Laufzeitglieder 27
Laufzeitverzögerung 9
Leseoperation
– in Speichereinheiten 82
Logische Mikrooperationen 98
Löschsignale 42

Marke 96
Maschineninstruktionen 87, 93, 113, 127
Maschinenkonfiguration 75, 110
Mehrfachausnutzung
– von Bauelementen 116
Mikroinstruktion 95
Mikroinstruktions-
-adreßregister 114
-datenregister 115
-speicher 114
-zyklus 135

Sachwortverzeichnis

Mikroprogramm 93, 101, 112
–, Beispiel 135
–, Instruktionsausführung 130
–, Multiplikation 138
Mikroprogrammierung 115
–, horizontale 111, 113, 114, 142
–, vertikale 111, 117, 142
Mikrooperation 93, 94, 112
–, binäre Beschreibung 122

ODER-Schaltgruppe 84, 95
Operatoren
– für Mikrooperationen 95
Operationsausführung 127
Operationssignale 121
Operative Beschreibung 76
Oszillator 118

Parallelverarbeitung 116
Programmschemata 79
Programmierung
–, Grundbegriffe 142
Programmiersprachen 73

Rechenanlage
–, zentrale Einheiten 86
Rechenwerkoperationen 140
Register 80, 87
Registerkonfiguration 75, 110
Registertransferoperationen 139
Ringzähler 37, 102
Rückkopplung 9, 27

Schaltergruppen 83
Schaltglieder 9
–, NAND 11
–, NOR 11
Schaltungsanordnung 112, 125
Schaltwerk
–, asynchrones 8
–, synchrones 7
Schreiboperation
– in Speichereinheiten 82
Simulation 116
Speicherelement 80
– als asynchrones Schaltwerk 40
Speichereinheit 81, 87
Speicherzyklus 83
Steuereinheiten 110

Steuerprogramme 74
Steuersignale 96, 112
–, Speicherung 132
–, statische 111
– zur Ablaufsteuerung 111

Struktur
– eines Systems 76
– von Rechnersystemen 79
Synthese
– von Schaltwerken 17
Systemkonfiguration 74, 76, 106, 110

TERMINAL-Kennwort 85
Teilautomaten 62
–, parallelarbeitende 65
Totalzustand 15, 21
Transferoperationen 96
Trigger
–, binärer 33, 35, 123

UND-Schalterguppen 83, 95

Verarbeitungseinheiten 85, 87, 91
Verarbeitung
– von Information 77
Verhalten
– eines Systems 76, 93
Verschiebeoperation 96, 103, 105
Volladdierstufe 99

Wertetafel 13

Zeilenzustand 21, 24
Zeitintervalle 79, 117
Zeitsignale 117
Zeitvariable 9
Zerlegung
–, Blöcke 58
– einer Zustandsmenge 56
– mit Substitutionseigenschaft
–, Produkt von Z. 56
–, Summe von Z. 56
Zerlegungsgraph 57, 69
Zustand
–, instabiler 12, 13
–, kompatibler 4
–, stabiler 12, 13
Zustandsdiagramm 15

Zustandsgraph 17
Zustandsklasse 43
Zustandskodierung 25, 44
— mit reduzierter Abhängigkeit
  52, 55, 66

Zustandsreduktion 18, 24, 42
Zustandstabelle
—, elementare 17, 18, 20
—, kombinierte 21